新手烘焙最簡單

不失敗法式甜點 （特選版）

600 張
超詳細零失敗步驟圖

+

150 種
材料器具總介紹

人氣烘焙名師 **吳美珠** 著

朱雀文化

輕鬆學烘焙的第一本經典食譜

●●●● 　進入烘焙業已有10年寒暑，看過、學過、也做過不少西點蛋糕與麵包，比起創意的西點烘焙書，介紹經典產品並擁有詳細烘焙技巧介紹的食譜書，總是最受入門新手及烘焙同好的歡迎，本書因為融合了全方位的烘焙操作手法及詳細的圖文解說，且配方精準，絕對可輕鬆且成功地做出美味點心，所以長期以來深受讀者的喜愛與推崇，多次的印刷，存書皆已售罄，經讀者一再催促而再版，本次在再版之外，同時加入5道初學者也能看書操作，在家就能順利完成的法式甜點，讓內容更加扎實豐富。即使是對一般人而言很難的馬卡龍，初學者們也只要按照書中的步驟圖，先製作提高成功率的義大利蛋白霜，並且控制好環境中的溫度和濕度，搭配隨書贈送的「馬卡龍模型紙墊」（專用墊），相信要能成功也絕非難事。

●●●● 　好書永遠受到大家的歡迎，希望與烘焙同好一起分享這本實用易學的好書，在此感謝讀者的支持與愛護，只要看到大家做出成功美味產品的喜悅，就是我最大的快樂！

●●●● 　若有任何製作上的疑問及意見，歡迎隨時以e-mail或打電話與我聯絡。

信箱：fashion@cakediy.com.tw
網址：http://www.cakediy.com.tw
電話：(02)2883-0000

吳美珠

CONTENTS

建議你可以從有 ✳ 符號的開始學起，
很容易就成功哦！

專為初學者設計，
新增5道不失敗法式甜點

西點類

蛋糕類

西點慕斯類

做法索引

特別將本書會用到的內餡及夾層、鋪底蛋糕等的做法一一列出，讓你更方便找尋。

起司蛋糕類

中點類

網路超人氣

常用材料介紹

在製作西點時，正確的使用材料是很重要的，了解材料的性質及功能，可以讓你減少失敗的機率哦！

Ingredients

粉類

▶ 麵粉分三種：

高筋麵粉：為麵粉中蛋白質含量較高的，約11~13%左右，多用來製作麵包，又叫「麵包麵粉」，如用手捏成一糰，手一張開即會鬆散開，故一般用來防黏的手粉多為高筋麵粉。

中筋麵粉：麵粉蛋白質含量約9~12%左右，一般用來製作包子，饅頭、各種中式麵食點心及派皮等，又稱「粉心麵粉」。

▶ **裸麥粉**：用來製作麵包時必須使用60~70%之高的麵粉混和使用，不然麵包質地會太緊實，沉重，口感不佳。

低筋麵粉：麵粉蛋白質含量約7~9%左右，筋性低，一般用來製作蛋糕及餅乾，當捏於手中時會成糰，較不易鬆散。

全麥麵粉－是小麥的麥殼連米糠及胚芽內胚乳碾磨而成，常用來製作全麥麵包，饅頭、餅乾。

澱粉類

◀ **玉米澱粉**：簡稱玉米粉，是玉蜀黍澱粉，可做為勾芡稠化的材料，有膠凍的能力，經加水調開後，加熱至65℃時，即產生膠凝作用，可用於派餡、布丁餡的製作。

▶ **玉米碎粒**：是由玉蜀黍研磨成細小碎粒，製作披薩、法國麵包、滿福堡時撒於烤盤上，防止麵糰沾黏及增加口感。

▶ **元宵粉**：泡過的糯米粉加水磨成米漿後，再乾燥成粉，稱元宵粉，較細緻。

◀ **糕粉**：又稱鳳片粉，圓糯米泡水之後，炒熟後再磨成粉，因是熟粉要冷藏較不會產生油味。

◀ **澄粉**：即小麥澱粉，無筋性，用於製作蝦餃皮、水晶餃等（又稱水晶粉）。

▶ **葛粉**：葛根水磨成粉後，再脫水乾燥，屬澱粉類膠凍原料，作日式涼點常使用，口感滑Q軟硬適中。

油脂製品類

◀ **奶油**：一分有鹽及無鹽兩種，無鹽味道較新鮮，且較甜，烘焙效果較好，如使用有鹽奶油，則配方中的鹽分就要減少。真正的奶油是從牛奶中提煉出來的，可做為高級西點及蛋糕之原料。

▶ **發酵奶油**：經過發酵過程而製成的奶油稱為發酵奶油。

▶ **白油**：係油脂加工脫臭、脫色後，再給予不同程度的氫化，使成固體白色的油脂，可用於麵包製作或代替豬油使用。另有與白油類似的雪白油，打發性佳，油質潔白細膩，可用於重奶油蛋糕、奶油霜飾之用。

◀ **酥油**：亦即無水奶油，而一般酥油是加工酥油，利用氫化白油添加黃色素和奶油香料配製而成的。

◀ **豬油**：由豬的脂肪提煉出來，可用於酥皮類及中式點心，氣味芳香。

▶ **液態油**：有沙拉油、橄欖油、素清香、寶素齋、花生油、液態奶油等，可用於蛋糕及中點餅皮製作。

▶ **裹入油**：製作丹麥麵包、起酥鬆餅及需有層次感之麵糰中，包入之片狀瑪琪琳油脂。油脂含水分以不超過20％為佳。

◀ **烤盤油**：用玉米油或奶油製成，噴於烤模可防沾防黏，亦可噴麵包表面做亮光劑使用。

◀ **瑪琪琳**：此油含水15~20%及含鹽3%，融點較高，可代替奶油使用，價格較奶油低。

油脂的儲存

所有脂肪於空氣中太久會產生氧化作用，而使油脂變質，故應將油脂儲存於加蓋的容器內，放置於陰涼乾燥的地方，而奶油為低融點，較易腐壞，應保存於冰箱中冷藏或冷凍。

糖類

▶ **細砂糖**：比一般砂糖更細，較適於製作西點蛋糕，因為與麵糊攪拌時較易融解均勻，並能吸附較多油脂，乳化作用佳，可產生較均勻的氣孔組織以及較佳的容積量。

▶ **糖粉**：由糖經研磨成粉狀，一般糖粉內均加有約3%的澱粉，防止結塊，用於霜飾或較鬆軟的西點餅皮。

▶ **二砂糖**：含有少量焦糖，如烘焙食品需特別風味，而無色澤影響時，可代替白砂糖使用。

◀ **防潮糖粉**：糖粉加適量澱粉，即為不受潮糖粉，做裝飾產品表面用。

◀ **冰糖**：精製度比細砂糖高，沒有特殊味道，加熱不會混濁，可用來做果醬、軟糖、滷肉品。

▶ **紅糖（黑糖）**：含有濃濃的糖蜜及蜂蜜的香味，常用於風味較重的蛋糕與餅乾產品中。

▶ **西點轉化糖漿**：砂糖加水和酸煮至約108℃的溫度，冷卻後加鹼中和即為糖漿，此糖漿可經久存而不結晶。

▶ **玉米糖漿**：又稱葡萄糖漿，由水分、蔬菜膠質的糊精以及葡萄糖為主的各糖類所組合而成，能增加產品的濕性，常用於糖霜及糖果的調飾。

◀ **焦糖**：砂糖經加熱後焦化成深褐色，可做為調色表面及增加香味用。

◀ **麥芽糖**：分較透明的輕糖度水麥芽，及糖度較高顏色較深的麥芽糖。

▶ **蜂蜜**：是一種含果糖及葡萄糖等單糖的天然糖漿，風味特殊，含轉化糖，有保濕作用。

乳製產品

◀**鮮奶**：為健康食品具有營養價值又可用來提高蛋糕及西點品質，其功用有：**1.**調整麵糊濃度。**2.**增加蛋糕內的水分，讓組織更細緻。**3.**鮮奶中的乳糖可增加外表色澤、口感及香味。

▶**奶粉**：全脂奶粉－其水分低於5%，乳脂肪含量約26~40%。
脫脂奶粉－含乳脂肪量低於1.5%，水分含量低於5%，均勻細緻且柔軟並富彈性及光澤。

▶**奶水（蒸發奶）**：奶品蒸發濃縮，不加糖，裝罐殺菌後，即為蒸發奶，乳脂肪含量6.5%，脫脂奶固形物含量16.5%，全脂奶固形物含量23%。

◀**酸奶油**：是由牛奶中添加乳酸菌培養或發酵後而製成的，含18%乳脂肪，質地濃稠，味道較酸的乳製品。

優格：是由牛奶經過菌種培養而成的，市面大部分優格都已添加香料或調味及加甜味以增加口味及風味，但製作西點時最好使用無糖的優格。

◀**煉乳**：奶品加糖、加熱、蒸發濃縮成加糖濃縮奶品，即為煉乳，其乳脂肪含量不可低於0.5%，乳固形物含量不低於24%。

▶**奶油乳酪（cream cheese）**：是最常使用的乳酪，它是鮮奶油經過細菌分解所產生的乳酪及凝乳處理所製成的。

▶**馬士卡邦乳酪（Mascarpone Creese）**：產於義大利之新鮮乳酪，固形物中乳脂肪含80%，輕爽的甜味及奶香，是提拉米蘇中不可或缺的材料。

◀**鮮奶油（鮮乳脂）**：乳脂本身為液態，含有很多的油脂，故打發效果較差，常被用為餡料、霜飾、醬汁及冰冷甜點的原料，經加入蔬菜膠質或安定劑可彌補不易打發的不足。

蛋

◀**全蛋**：包含蛋白和蛋黃不含蛋殼的液體蛋，海綿蛋糕均是以全蛋和糖經隔水加溫38～42℃而做成的。
蛋白：全蛋去除蛋黃及蛋殼即是，可用來做天使蛋糕或糖霜、餅乾等。
蛋黃：全蛋去除蛋白及蛋殼，含有天然乳凝劑，可使麵糊質地光滑、產品柔軟，常用來做布丁、虎皮、及蛋黃蛋糕或蛋塔液。
蛋的蛋白質在烘焙過程會產生凝結作用，具有韌性與咬勁，蛋經攪打，可包覆空氣，經加熱烤焙後隨溫度增高而擴張，有助於成品的膨大作用，亦可做為刷於產品表面加深產品外表色澤及香味的原料，更具營養價值。

凝固劑

◀**吉利T（果凍粉）**：是將海藻類的石花菜煮融過濾，凝固後再冷凍乾燥而成，有條狀及粉狀，但粉狀使用較方便。

▶**吉利丁粉**：是動物膠，由動物之皮及骨骼提煉出蛋白質膠質，常用於冷凍西點、慕斯類的膠凍之用，須與4~5倍冷水浸泡吸水軟化後連水一起再隔水融化使用。

▶**吉利丁片**：是動物膠經脫色去味製作成片狀，使用時浸泡在冰水內軟化後，擠乾水分再隔水融化使用。

膨脹劑

▲**酵母粉**：呈微小顆粒狀，用量為新鮮酵母的1/3，可使麵包饅頭等點心類產品發酵的酵母。酵母與糖作用後，產生二氧化碳與酒精，當烘焙受熱後，酒精被蒸發，而二氧化碳會擴張，即產生膨大效果，應保存於不透光容器內，置冷藏庫。

◀**小蘇打粉**：呈細白粉末狀，遇水和熱或與其它酸性中和，可放出二氧化碳，一般用於酸性較重的蛋糕及小西餅配方中，尤其於巧克力點心中使用，可酸鹼中和，使產品顏色較深。

▶**阿摩尼亞**：受熱即分解為二氧化碳和水，在麵糰內溫度升高即開始膨脹，一般用在含水分少的產品中，如餅乾、泡芙、沙其瑪、油條。

▶**泡打粉（B.P.）發粉**：基本作用為使產品膨大，可改善產品組織顆粒及每一個氣室的組織，使蛋糕組織有彈性，麵糊的蛋白質增加韌性，防止氣室互相沾黏，蛋糕組織更細密，應保存於加蓋密閉的罐內，置於陰涼乾燥處即可，不需冷藏。

▶**塔塔粉**：酸性鹽，用來降低蛋白鹼性和煮化糖漿之用，於蛋白打發時添加，增強韌性。

◀**S.P.乳化劑**：可幫助油、水攪拌過程易於融合、乳化，不會油水分離，可使麵糊比重降低，蛋糕品質獲得改善。

其他添加物

◀**鹽**：在配方中可增加產品的甜度，不會使人食後生膩，可作為調味料及增加麵糰的韌性和彈性。

▶**麵包改良劑**：用在麵包配方內可改善麵包之操作性、體積、組織及柔軟性、延緩老化、延長保存期限。

巧克力、咖啡

◀**巧克力**：由可可、可可脂和砂糖等製成，再添加其它調味材料，可製成苦甜、牛奶等口味巧克力。

▶**苦甜巧克力**：由不同的巧克力漿混合其他材料製成苦甜、牛奶巧克力。可可脂含量越高品質越好，分調溫及非調溫。

◀**白巧克力**：由可可脂加糖、奶粉製成，因不含可可成分，所以可做成白色巧克力。

▶**調味巧克力磚**：由可可脂、糖、奶粉加顏色香料製成草莓、檸檬、薄荷等口味，可刮成薄片裝飾蛋糕，一般為國內製造。

◀**鈕扣巧克力豆**：製成鈕釦大小操作方便，不需切碎，為調溫巧克力，大部分是進口。

◀**耐烘烤巧克力豆**：加在餅乾麵糰或重奶油蛋糕內烘烤不會融化，可增加口感及價值感。

◀**軟質巧克力**：巧克力加入糖漿煮成粘稠狀，可當調味、淋醬、冰品、抹醬、夾心。

▶**裝飾巧克力**：市售現成品，有多種口味及色系，搭配蛋糕裝飾方便省時。

▶**可可粉**：去除巧克力中的油脂研磨製成粉狀，可混合在餅乾、蛋糕、或撒於西點蛋糕表面增加風味及裝飾，可可粉不含糖，分高脂、中脂、低脂。

◀**咖啡粉**：即是即溶咖啡粉，可融解於熱水中製作咖啡果凍、蛋糕、冰品等。

糖霜飾料

◀**杏仁膏**：由煮熟的脫皮杏仁粒加糖粉及蛋白製成，用來做蛋糕有保濕作用及香味，亦可拿來做蛋糕裝飾。

▶**霜飾巧克力米**：用食用色素加糖及巧克力做成彩色小米狀，做蛋糕裝飾或冰品裝飾。

果餡醬料

◀**櫻桃派餡：**用紅櫻桃或黑櫻桃做成的果醬，可用來製作派、塔、鬆餅的內餡，或裝飾蛋糕及夾心。

▶**耐烘烤果餡：**果醬是用澱粉勾芡，用來做烘烤產品時不會像果膠類果醬遇熱變稀而流失。

▶**鳳梨酥餡：**以鳳梨、冬瓜經熬煮加入糖、麥芽等材料做成似軟糖狀，用來做鳳梨酥及台式月餅等糕點，也有調味成梅子、哈蜜瓜、草莓、藍莓等口味之水果餡。

◀**芋頭餡：**以蒸熟芋頭加糖、麥芽、豆沙、香料作成，用來作中點芋頭酥及蛋糕夾心裝飾很受歡迎，因甜度低所以保存期限很短，做好應盡快食用。

◀**各式豆沙餡：**由白鳳豆、紅豆、綠豆等材料經熬煮後加糖及麥芽、再調入各種不同口味材料製成的豆沙餡，有加奶油及不加奶油兩種。

水果蜜餞

▼在製作小西點、蛋糕、派、塔等西點時，常會加入一些乾燥的水果蜜餞，和加入新鮮水果的西點有不同的風味。使用時可整粒也可切碎加入其他材料中混合使用。

橙皮

蜜之果

蔓越莓乾

水果罐頭、冷凍水果

▼▶有些台灣並沒有生產的水果或者進口的新鮮水果價格昂貴時，水果罐頭及冷凍水果就成為方便的代替品，而且不分季節都可使用。

黑櫻桃

水蜜桃

小洋梨

冷凍藍莓

冷凍蔓越莓

杏桃乾

各式葡萄乾

杏仁

芝麻

乾果糧類

◀◀▼▶各種營養豐富、芳香可口的乾果,是製作西點時不可或缺的材料,可酌量加在麵糊內,增加口感及香味,也可做為表面裝飾材料,應用的範圍很廣。在選擇時,要挑選新鮮的產品,並趁早用完,沒用完的部分要避免放在高溫潮濕的環境下,應放在冰箱冷藏或放在陰涼乾燥處保存。

核桃仁

開心果仁

松子

葵瓜籽

南瓜籽

燕麥片

椰絲粉

椰漿

糖漬栗子

酒類

▼▶可去除腥味,增加點心的風味,常見的用酒有白蘭地、蘭姆酒等。而有特殊風味的酒則要添加在適合的西點內,如橙皮酒因有橙皮的香味,適用於有柳橙口味的西點上;咖啡酒則適用於咖啡或巧克力口味的點心上。

咖啡酒

白蘭地

蘭姆酒

香料

▶可去除牛奶和蛋的腥味,並增添西點的香味,使做出來的點心更可口,最常使用的如香草精、香草粉、豆蔻粉、肉桂粉等。在使用時,要注意添加的量,因有些香料味道強烈,過量會造成反效果。

香草精

red diamond
PURE VANILLA EXTRACT
NET 4 FL OZS (118ml)

食用色素

▶可增加西點的色澤,使製作的西點更漂亮可口,在操作時只需加入極少的量即可達到增色效果。

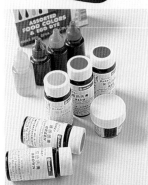

15

常用器具圖鑑

製作西點前，一定要先認識製作西點的工具，並且了解每種工具的特性及功能，才能更容易上手。

U t e n s i l s

模具類

模具是用來固定西點形狀的模型，市面上有販售各種材質及功用的模具，現就不同材質的模具它在表面處理及材質的特性上做一些說明，讓你更了解所使用的模具：

一、依表面處理區分：

1.鍍鋅處理－一般鋼板鍍上鋅，以達防鏽效果，用畢須常保持乾燥防止氧化生鏽。

2.陽極處理－表面經過陽極處理，保有鋁材原色，抗氧化。

3.硬膜處理－表面經過陽極硬膜處理，耐磨耐洗，不易刮傷表面及變形，使用更加衛生。

4.不沾原料處理－一般以P.T.F.E不沾原料表面處理，使用時沾少許油脂更能確保不沾效果。

5.鐵弗龍不沾處理－表面經過鐵弗龍處理，具有黑褐色表面外觀，有良好的防沾性，清潔更容易（只能用軟布刷洗）。

6.銀石不沾處理－表面經過銀石處理，呈銀灰色外觀，為市售最高級的防沾處理加工（只能用軟布刷洗）。

分量器：自動設定材料分量的器具，只要調整好分量，就能輕鬆分出重量一樣的甜點。讓材料不多不少地均勻分配於每一份點心，減少不少烘焙的時間。

二、依材質特性區分：

1.金屬類：

(1)不鏽鋼－雖具不生鏽、鋼性強韌的特色，但導熱性較不均勻，加工不易，售價亦較高。

(2)馬口鐵－氣候乾燥國家較多使用的材質，用畢須常保持乾燥防止氧化生鏽，具質軟易加工，售價亦較低廉。

(3)鋁箔－輕便性，用完即丟，容易被大自然分解，環保又衛生。

(4)一般鋁材－材質較軟易變形，導熱性佳。

(5)鋁合金－加強鋁質強度不易變形，導熱性一樣好，為市售最多採用。

(6)鍍鋁鋼板－除保留了鋁質優良的導熱性外，內包高張力鋼板不易變形且更能耐高溫。

2.紙類：易變形，輕便性，用完即丟，外觀多變性更能襯托產品特色，環保又衛生。

3.玻璃：強化耐熱玻璃，透明化的效果，更能突顯產品的特殊性。

4.陶瓷：多為焗烤使用較多，如烤布丁、法式餐點。

5.木材：多用於中式月餅模，或蜂蜜蛋糕圈模。

6.膠質：多做為巧克力模、果凍模、可烤布丁模等，材質有PVC、矽膠等最多樣化。

烤派盤類

▲ **鬆餅烤盤：**簡易在家製做鬆餅的好幫手，直接瓦斯加熱，真方便。

▲ **菊花派盤：**做派不可或缺的模具，有活動底與固定底及不同花邊多種選擇。

△ **淺烤盤：**淺烤盤：用來製作披薩薄餅類產品

△ **多穴平烤盤：**烘烤時移動容易，受熱均勻，大小量製作使用與收藏都方便。

▽ **平烤盤、網架：**平烤盤是用來烘焙餅乾、蛋糕卷或麵包等不可缺少的模具；而網架則用來出爐時產品散熱鋪放之用。

▽ **深平烤盤：**用來做整盤切塊蛋糕或麵包，也用來當水盤隔水烘焙使用。

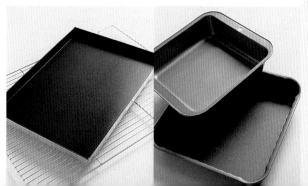

16

◀ **蛋卷可麗餅烤盤**：顧名思義就是蛋卷與可麗餅專用烤盤，你也可拿來做春卷皮、蛋皮，反面也可當鐵板燒用哦。

▶ **矩形模**：各種水果蛋糕、水果條、重奶油蛋糕常用的模子。

▶ **加蓋土司模**：土司專用的模子，加蓋可烤出方正長條形狀，不加蓋就成漂亮的山形土司了。

▶ **帶扣圓形模**：具有活動底好脫模的優點，圓周亦可鬆扣讓脫模更容易，部分模子外圈也可用來當慕斯圈用，一舉數得。

▶ **圓形模**：初學做蛋糕第一的選擇一定買一個圓模，有活動底好脫模與固定底可隔水烤二種。

◀ **活動心形模**：較高的蛋糕體，中空的心形活動底設計，做出成品與眾不同。

◀ **中空與菊花造形模**：中空的雙層菊花圖形也有固定與活動底設計，蛋糕體不怕烤不透！

▶ **固定心形模**：較低的蛋糕體，心形固定與活動底兩種設計，脫模也好容易。

▶ **橢圓形模**：固定式的橢圓形模最常拿來做輕乳酪蛋糕。

▶ **動物造型模**：數不盡多種動物的造型，是小朋友的最愛。

◀ **小型造型模**：不同形狀點心造型，顯現不同的風味與賣相，不妨多加利用。

◀ **蜂蜜蛋糕框與蛋圈**：蜂蜜蛋糕專用木框，可烤出均一的色澤，減少邊料焦化損失；不同形狀的蛋圈創出不同的用餐情趣。

▶ **鳳梨酥圈模**：不同形狀的鳳梨酥圈，來點不同的口味就看你如何創意了。

◀ **慕斯圈模**：一樣的內容物，善用不一樣造型圈，更能營造出不同的氣氛。

▶ **中空鋁管**：螺絲卷麵包專用，當然你也可有其他的創意用法。

▶ **薑餅屋與餅乾成型模**：可壓製薑餅屋與各式餅乾的切模，依個人喜好隨意創做。

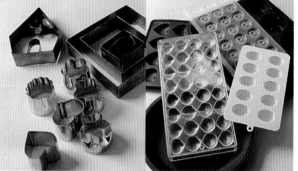

◀ **膠質軟模**：果凍用模、巧克力用模與耐烘焙的矽膠烤模都極易脫模，作業更加愉快。

◀ **中式月餅模**：傳統中國風的月餅圖騰，變化多樣，依製作規格大小尺寸都可在市面購得。

▶ **烙印鋼模**：精緻糕點，烙印上不同的專屬圖騰如家徽、店徽等，頗有畫龍點睛之妙。

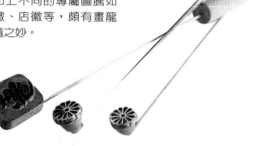

烘焙設備類

▶ **烤箱**：學烘焙不可或缺的工具，若新購烤箱最好買上下火可分開調整，最小一定要能烤8吋蛋糕以上，才可滿足未來進階的需求，建議避免以烤箱的尺寸四處找烤模來配合，難買又與食譜難以配合（市面以8吋為基本量較多），如果已經有烤箱了，建議可買第二台，比較長久，效率也高得多！

攪拌工具類

◀ **桌上型7L攪拌機**：650W功率，強而有力配合7L大容量的攪拌缸，做西點打麵糰樣樣行，5段變速鋁合金機身的設計，快慢輕鬆平穩耐操，可選購多種配件使用，信心足預算夠的話，建議選購。

▶ **桌上型5L攪拌機**：350W功率，5L容量的攪拌缸，做西點最方便，5段變速鋁合金機身的設計，運轉平穩耐操，就像多雙手般可同步處理其他材料，也可選購多種配件使用。

◀桌上型雙缸攪拌機：一樣高功率，配備大小二個容量的攪拌缸，做西點打麵糰一樣行，塑膠機身的設計，售價中等功能也不差。

▶桌上可分離攪拌機：初學最常買的機種，可桌上用也可提，足夠入門初學者使用，若要進階，提高學習效率與領域，建議工具也要一併升級。

▶手提攪拌機：初學或府上的第二台最常買的機種，只可提，可做小規模的攪拌，速度稍慢，使用時人力不可做其他更有效利用，預算短缺時可湊合著用，至少比用手輕鬆多了。

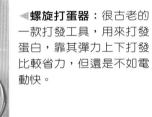

▶直立式打蛋器：最基本的一款攪拌工具，用來打發蛋白，鮮奶油或拌勻食材，是絕不可少的工具，一定要買。

▶螺旋打蛋器：很古老的一款打發工具，用來打發蛋白，靠其彈力上下打發比較省力，但還是不如電動快。

▶各式木杓：用它來拌沙拉或攪較濃稠之食材，如巧克力，奶油乳酪等。

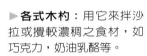

計量工具類

▶各式磅秤：配方比例是產品的生命，一定正確的比例與重量有賴於精準的磅量，一般一個1Kg/10g精度已足夠，若要更完美再準備一個100g/1g精度的微量磅秤也是必要的。

▶量匙量杯：簡易定量工具有量匙與量杯，材質雖多樣化，功能目的是一樣的。

◀各式溫度計：依使用目的不同其功能性亦大不相同，依溫度區間範圍的差異，衍生多種材質的製品，有玻璃，塑膠，不鏽鋼，顯示方式有電子液晶，機械指針，水銀酒精柱等。

▶各式計時器：一樣備忘提醒叫人的好幫手，有較大聲的機械式免電力驅動與較小聲的電子式需電力驅動兩種，可做為烘焙食物定時備忘之用。

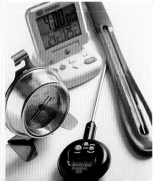

霜飾用品類

◀**花嘴與擠花袋**：花嘴恰似彩繪蛋糕的畫筆，擠花袋就是那裝滿塗料的墨水匣；你想擠出什麼樣的花色就得備用那種花嘴，一般準備兩個以上的擠花袋與多種大小不同花嘴才夠用！

▶**糖霜飾板**：篩糖粉或可可粉等霜飾用的模板，時間與才藝許可的話，也可自己剪紙創作一番。

▶**蛋糕轉台**：蛋糕裝飾重要配備，較重的金屬轉台較有旋轉慣性，在抹面時可得到極佳的效果，使用壽命亦可達數十年；另可擴充用途做為園藝盆栽修剪，花藝插花等之用途，較輕材質功能雖一樣，但效果大不同。

◀**噴火頭**：這是一支全功能自動點火的噴火頭，適用市售所有小瓦斯，是蛋糕表面焦化，慕斯脫模的好幫手；當然其他應用範圍如烤肉點火，水電彎管，木工裝潢焦化等，更不在話下。

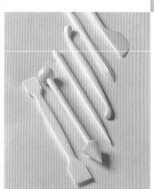

◀**雕塑工具**：杏仁膏操作雕塑的套裝工具組。

▶**花嘴轉換頭**：最少準備一大一小轉換頭，才不會擠花擠一半又要倒出重裝花嘴，有了它就可輕鬆調換花嘴了，配合不同的花托應用，方便好操作！

▶**羊毛刷**：刷蛋液、果膠的必備工具，使用羊毛的柔細不會刮傷產品面，食品級的植毛品質，洗淨乾燥後可長效使用。

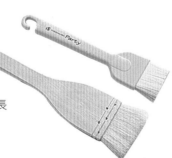

刮切刀具

◀**大小滾木**：擀捲用，可依產品的差異選取大小適當的滾木使用。

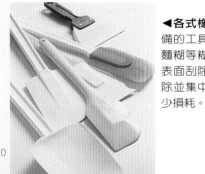

◀**各式橡皮刮刀**：蛋糕必備的工具，用於奶油霜、麵糊等糊狀物附著於鋼盆表面刮除之用，可有效刮除並集中食材之利用，減少損耗。

▶**各式刮板**：製做麵糰時，用於拌合麵糰或刮缸及刮除檯面粉屑，麵糰分割等。

▶**齒形刮板**：用於蛋糕表面飾紋刮製與巧克力飾片的製作。

▶**各式抹平刀**：蛋糕抹面裝飾與蛋糕體移位、果醬餡料塗抹等，烘焙必備。

◀**各式脫模刮刀**：為保持蛋糕體完整方便脫模，防止模具刮傷時使用，大部分採用尼龍等膠質材料製造。

◀**各種刀具**：由下往上依序為雕刻刀、奶油蔬果波浪刀、料理用牛刀、切牛軋糖好用的冷凍調理刀、西點刀、麵包鋸刀。

▶**蛋糕鏟刀**：蛋糕切片、鏟移最方便，耐高溫尼龍鏟刀也可用來做餅乾出爐使用。

◀**巧克力刮刀工具**：巧克力的專門用具，用來刮製巧克力片與沾淋巧克力外膜。

▶**各式滾輪刀**：麵餅皮的分割、拉網、插孔都可選擇利用，尤其披薩的分割滾刀最方便了。

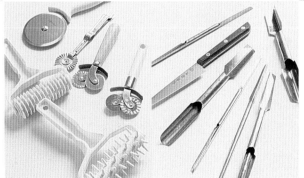

◀**雕刻刀**：紅花尚須綠葉相襯，作品再加上蔬果雕盤飾將更完美的呈現，蔬果雕刻必備工具，擁有它，利用它，款款作品大不同。

輔助工具類

◀**篩粉用品**：濾杓與篩網都是做糕點必備用品，除了可篩麵粉、乾料與霜飾粉料外，各種湯汁的過濾也少不了它。

▶**鐵弗龍布、烤焙油紙**：鐵弗龍布可替代不沾烤盤有絕佳不沾特性，當烤盤不夠或表面處理不佳時皆可取而代之，洗淨後可持續使用很久；而烤焙油紙用法一樣，因衛生考量卻只能用一次就拋棄。

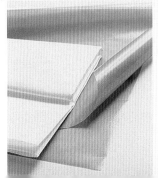

◀ **食品夾、耐熱手套**：手套是出爐時一定用得到，最好買長的，避免手肘燙傷；而食品夾用來夾取成品，不燙手也較衛生。

▶ **分切蛋器**：分蛋器用來分離蛋白與蛋黃，簡易又快速；切蛋器製作沙拉切蛋，乾淨又俐落。

▶ **分片器與倒扣架**：分割切塊蛋糕用的分片器，可平均做好記號，順著壓痕切大小平均；而倒扣架則用來蛋糕出爐時插入反轉倒扣待其冷卻，可防止蛋糕收縮凹陷。

◀ **刨刮用具**：中西餐都用得到，凡刮檸檬皮，蔬果皮，沙拉刨絲等，亦是居家必備小工具。

◀ **竹蒸籠**：具有吸水又透氣的特性，蒸煮食物蓋子不滴水，可保有食品光潔之外觀。

▶ **定量冰杓**：除了常見用來挖冰外，選擇適當的大小可用來舀豆沙餡料或其它軟質食材的定量分配與使用。

◀ **壓麵機**：經濟又耐用的手動壓麵機，要製做麵條就太簡單了，可嘗試壓製小饅頭，餃子皮等。

各式鍋盆類

◀ **打蛋盆**：具有圓弧底的鋼盆是打蛋拌麵糊最理想的容器，沒死角讓攪拌動作順暢勻稱，刮盆也來得輕鬆容易些。

▶ **銅鍋雪平鍋**：中西點加熱或融解常用的雪平鍋，品質差距與大小及材質區分規格真的很多，常用到的以鋁合金居多，也有不鏽鋼製品；純銅打造的銅鍋有均溫導熱的物理特性，煮糖最不易燒焦。

◀陶瓷蘇法蛋糕烤皿：渾厚的磁皿，具有保溫的特性，除製作蘇法蛋糕外，也常應用於其他布丁的烤焙，更可襯出另一番用餐情趣。

▶焗烤陶瓷盛皿：海鮮焗烤，義式各種焗烤美食，酥皮濃湯專用的獅頭杯，每件都是調理焗烤美食的利器。

▶玻璃烤碗：不僅僅是搭放配料的透明碗而已，它可是經得起直接高溫烘烤的器皿。

◀玻璃盛皿：沙拉美食，精緻餐點都可運用透明感十足的容器盛裝，高貴又不貴。

◀玻璃置物罐：小點心，餅乾最佳儲存容器，既可防潮，內容物又一目了然，彷彿是客餐廳裝飾的一部分。

▶PVC盛皿：餐會外燴的最佳幫手，撞不破，堆疊起來又不佔空間，盛裝涼點最適合。

▶耐烤襯紙模：最具變化性的烘烤紙模，有多款的外形與花樣顏色選擇，襯托作品出眾不凡，大大節省作業前後模具準備與清洗時間。

◀鋁箔模製品：一樣具有變化多款的外形，少了花樣顏色的選擇卻多了紙張達不到的延展特質，巧克力、各式蛋糕、蛋塔等最常使用到。

◀包裝容具：人要衣裝，佛要金裝，糕點要包裝，每道產品皆有其專用或創意的包裝容器，來凸顯產品的價值與鮮度。

▶裝飾耗材：生日蠟燭，各種節慶字片，糖人偶，糖飾片等，適當的選用一定讓作品更加出色！

烘焙的基礎用語和做法

在製作西點時，除了掌握正確的材料、器具及步驟外，更要了解製作西點的專門用語及基本常識，才能更快速的進入烘焙的領域，製作出成功的點心。

基礎用語

戚風打法

即分蛋打法，就是將蛋白加糖打發的蛋白糖與另外蛋黃加其它液態材料及粉類材料拌勻的麵糊拌合。

海綿打法

即全蛋打法，整個蛋加糖一起攪拌至濃稠狀，呈乳白色且勾起乳沫約2秒才滴下，再加入其它液態材料及粉類拌合。

法式海綿打法

是一種分蛋法，將蛋白加1/2糖打發與另外蛋黃加1/2糖打發至乳白色，兩者拌合後再加入其它粉類材料及液態材料拌合。

天使蛋糕法

蛋白加塔塔粉打發泡再分次加入1/2糖攪拌至濕性發泡（不可攪至乾性），麵粉加1/2糖過篩後加入拌合至吸收即可。

糖油拌合法

油類先打軟後加糖或糖粉攪拌至鬆軟絨毛狀，再加蛋拌勻，最後加入粉類材料拌合。例：餅乾類、重奶油蛋糕。

粉油拌合法

油類先打軟加麵粉打至膨鬆後加糖再打發呈絨毛狀，加蛋攪拌至光滑，適用於油量60％以上之配方。例：水果蛋糕。

濕性發泡

蛋白或鮮奶油打起泡後加糖攪拌至有紋路且雪白光滑狀，勾起有彈性挺立但尾端稍彎曲。

乾性發泡

蛋白或鮮奶油打起泡後加糖攪拌至紋路明顯且雪白光滑，勾起時有彈性而尾端挺直。

常見的基本做法

奶油軟化

奶油因融點低，一般於冷藏保存，使用時需取出置於常溫退冰，若急於軟化，可將奶油切成小丁或短時間微波解凍。奶油軟化至手指可輕壓陷即可。

奶油隔水融化

欲將奶油融化成液態時，可隔水加熱，或以微波爐短時間解凍融化，溫度不可過高，否則易造成油水分離。

量匙使用

以量匙量取粉狀材料時,應抹平表面才是標準分量。

粉類過篩

以篩網過篩麵粉、糖粉、可可粉等粉類時,底下鋪白報紙,輕搖篩網,以去除結塊。

分蛋方法

1.將全蛋敲開放置在分蛋器內即可輕易將蛋白與蛋黃分離。

2.在蛋的中央敲出裂痕,以雙手撥開蛋殼並傾斜將蛋黃左右移動至敲開的蛋殼中,蛋白即可流到下面的容器中。

全蛋隔水加熱

全蛋攪拌時,如海綿蛋糕,蛋應先隔水加溫38℃～43℃,因為蛋黃受熱後可減低其稠性,增加其乳化液的形成,加速與蛋白、空氣的拌合,使容易起泡而膨脹。

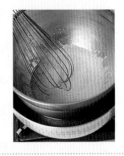

布丁液過篩

製作布丁或蛋塔時,過濾掉殘留雜質及氣泡,可使產品光滑細緻。

吉利丁片泡水

吉利丁片為乾燥之動物膠片,使用前泡入冰水內,再隔熱水融化,或加入熱溶液中一起融化,如泡常溫水撈出時會較不完整。

吉利丁片隔水融化

泡過冰水的吉利丁片撈出擠掉水分,隔水加熱融化。

壓餅乾屑

將欲攪碎的餅乾裝入較大的塑膠袋內,以擀麵棍擀壓即可將餅乾壓成粉碎。

鬆弛

　　塔皮、油皮、油酥、麵糰因搓揉過後有筋性產生，經靜置鬆弛後再擀捲較好操作，不會縮。

刮巧克力花

　　將巧克力磚置白報紙上，用不鏽鋼壓模直線刮下即可，巧克力要在常溫下較好刮。

巧克力隔水融化

❶巧克力磚先切碎再隔水融化，底鍋水沸騰即熄火利用餘溫融化。
❷以耐熱刮刀或木勺輕拌至完全融化。
❸如果底鍋水繼續滾沸，易造成巧克力油水分離。

烤模噴油撒粉

❶烤模噴上烤盤油或均勻刷上白油。
❷底部鋪油紙，撒高筋麵粉轉圈使麵粉均勻沾黏於模邊。
❸將多餘麵粉扣出。

裁剪模型用紙

1. 取烤盤油紙，摺成夠用大小後拉起量出模型四邊高度並摺痕。
2. 裁去多出的烤盤紙。
3. 將模型放置在紙上，量取模型長邊的高度並摺痕。
4. 再量取模型寬邊的高度並摺痕。
5. 四邊摺痕剪開至摺痕交接處。
6. 放入模型並以手指撐開四邊角度使烤盤紙與模型貼合。

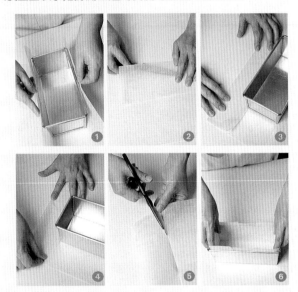

平烤盤裁紙

1. 烤盤紙量出烤盤大小，裁掉多餘部分。
2. 在烤紙四邊剪開。
3. 尖角剪掉較不會蓋住蛋糕。
4. 鋪於烤盤上並壓出摺角。

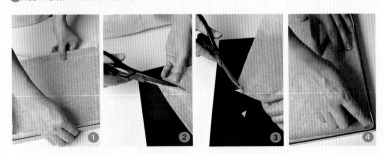

蛋白打發

①蛋白打起泡後再將糖分2～3次加入打發，如果一次加入全部的糖，打發時間會延長且組織較稠密。

②糖加完後繼續攪打至光滑雪白，勾起尾端呈彎曲狀，此時即為濕性發泡，約7分發。

③濕性發泡後繼續攪打至紋路更明顯且光滑雪白，勾起尾端呈堅挺狀，此時即為偏乾性發泡，約9分發，為戚風蛋糕蛋白打發最佳狀態。

④若蛋白打發過頭，會呈棉花狀且無光澤，不易與麵糊拌合，無法做出成功作品。

蛋黃打發

①做法式海綿蛋糕時會將蛋黃加細砂糖，以打蛋器攪拌至乳白色。

②蛋黃攪拌後可將所含的油、水和拌入的空氣形成乳白濃稠狀，以增加其乳化作用。

奶油霜打發

①以1：1的比例將雪白油和軟化奶油以打蛋器攪拌至膨鬆且變乳白。

②再加入2倍的轉化糖漿，繼續打發即可。裝盒後不需冷藏，放於陰涼乾燥處可保存約10天，稍攪拌即可使用。

鮮奶油打發

❶ 液態鮮奶油由冷藏室取出，依需要用量倒至攪拌缸以球狀攪拌器打發至光滑雪白，是蛋糕抹面的最佳狀態。

❷ 繼續打發紋路更明顯，勾起呈堅挺光滑雪白，此時為擠花紋最佳狀態。

三角紙摺法

❶ 以三角尖端當中心點捲摺。

❷ 右手拉尾端紙調整擠出孔至密合。

❸ 裝入鮮奶油後兩邊向內摺入。

❹ 中間往內摺入。

❺ 依需要剪出孔洞大小。

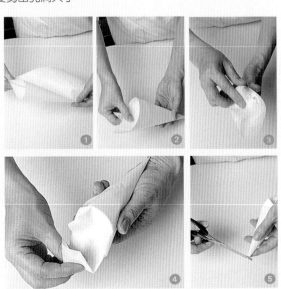

擠花嘴裝法

❶將尖轉換頭裝入擠花袋內,放上欲使用的花嘴。
❷栓上圈形轉換頭固定即可。
❸將擠花袋以虎口撐開,裝入鮮奶油或麵糊。

慕斯脫模

❶用噴槍將慕斯模邊加熱使冰硬的慕斯邊稍融。
❷慕斯底部放一有高度的罐頭,將慕斯圈往下脫離。

熱刀切蛋糕

以較利之刀片泡熱水後拭乾,切冷藏或冷凍之起司蛋糕及慕斯,每切一刀要泡一次,切面才會平整不黏刀。

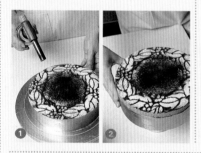 

巧克力裝飾片

巧克力片

❶白巧克力切碎隔水融化，倒於塑膠片上抹平為厚約0.2cm的薄片。

❷待稍冷卻未變硬時切壓出適合尺寸。

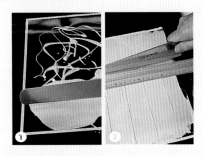

巧克力卷

❶在塑膠片上抹上融化的巧克力，再用刮板刮出線條。

❷在巧克力未乾硬前將塑膠片捲起，待巧克力冷卻後即成裝飾巧克力卷。

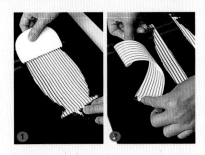

常用單位換算

1磅（lb.）=454公克（g.）

1公斤（kg.）=2.2磅（lb.）

1公斤（kg.）=1,000克（g.）

1斤=16兩=600公克（g.）

1兩=10錢=37.5公克（g.）

1公斤（kg.）=1斤10兩5錢

溫度：華氏換算成攝氏時，先減32，再乘5/9

例：華氏180度＝攝氏82度　　攝氏190度＝華氏374度
　　180－32＝148　　　　　190 × 9/5＝342度
　　148 × 5/9＝82度　　　　342+32＝374度華氏

給初學者的建議

1.初學入門

* 請謹記一點「作品的生命價值來自烘焙配方百分比與工藝」，同樣的材料與不同分量組合將有不同的結果，而完全一樣的配方，不同的烘焙技藝亦會有迥然不同的表現。

* 按部就班，先紮穩技藝的腳步，累積成功的製作經驗，再求變化創新。

* 學習之初，請勿擅改配方，又裝沒事去問老師為何失敗？

* 請避免以自己主觀的想法問老師這材料可用啥取代或減量？改問材料的用途與目的收穫會更多。

* 使用正確的配方比例與分量，而不是差不多！改了配方，品質就變了樣！枉費求學的苦心。

* 每次製作皆能如預期成功後，再考慮配方的改變與做法的創新。

* 初學者最喜歡上課時DIY，但礙於時間與學員技術不一及負擔費用的考量，多數學習場所仍以示範研習的方式進行：上課重點是用最少時間，快速汲取老師的KNOW HOW，或尋求自己累積技術盲點的解答，如果稍有基礎瞄一下，工夫就學到了，若沒基礎還是建議你在家多下工夫，找到問題再配合作品，上課去請教老師，學的才會快！畢竟「學問」是學著問才能成功的！

2.養成學習的觀念

* 方向比效率重要，選擇正確的學習方向，比一心急著看一個想學一個還重要，跳躍學習無法奠定基礎，常遭挫敗導致信心喪失。

* 把自己當成是塊擰乾的海綿，愈乾就吸得愈多！先別選擇性的在意課程內容要教什麼？畢竟自己空白的地方正有待老師的授予。

* 台上三分鐘，台下三年功，三人行必有我師焉：老師的教學表現必能增進我們技藝與智慧的增長。

＊廚藝是一門藝術，一種興趣與耐心的培養，更是最實用的技職專長，不要定義為裹腹的過程，或遷就個人飲食的喜好，而迷失學習的方向，侷限技藝的成長。

＊技藝成就的高低，與您思想的格局大小成正比，即使在家享用也要維持一定的品質水準。

＊學習做好自己的學習紀錄筆記，以後才有跡可尋；最好整理成格式化的電腦檔案，有利於日後的整理與修正，機會總是留給隨時準備好的人。

＊學習是多元性的，切勿認定相同的產品名稱「學過了」、「我會了」、「都一樣」！直接否定它存在的價值，因為「好」，還要追求「更好」！不同的時空都可學到不同的做法、技巧、造形、配方、盤飾、包裝、賣相等，在在都是刺激成長的動力。

＊多一點包容心，相信每道作品的發表都是老師覺得最好的才拿出來，避免以個人品嚐後主觀的喜惡與評斷而否定學習的價值。

＊不要計較收穫，吝於付出，不要以為上了一堂課或買了一本書就可以全部吸收，要平時多看多聽多做才能成長。

＊到處收集配方與講義，若未能親身做過，都不能算你的。

3.器材購買建議

＊先由初級學起，首先添購烘焙必要的工具，再漸進式的採購其他的工具，才符合經濟效益。

＊各種工具依不同的材質，價位不同，雖然高品質的道具可增進學習效率並維持較優質之品質，但主要還是要靠讀者學習的決心與意願，自己去衡量採購預算，選擇合適的工具。

4.持之以恆

＊成功來自不斷的努力與堅持淬練；經驗來自每次的學習與實務操作的累積。

西點類

01

鮮嫩豔紅的草莓堆砌成
酸中帶甜的滋味，
搭配杏仁的芳香，
讓人垂涎三尺！

Cookies

咔咔咔一片接一片
入口脆而不硬，口感極佳，
吃了會涮嘴的小薄片，
好吃無法擋。

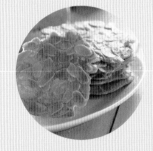

一片片裸露的堅果，
流露硬脆的本質，
愈嚼愈香，
再來杯咖啡，
是交友談心的良伴！

Cookies

軟式小西餅

像蘑菇般渾圓的外型，小巧可愛，
輕咬一口，
鬆軟的口感，奶油霜的香甜，
是童年的印象。

軟式小西餅

① 蛋黃、1/2細砂糖放入鍋中,以打蛋器打發。

⑤ 打發好的蛋白糖分兩次加入蛋黃糖中拌勻。

② 將蛋黃打發至乳白色濃稠狀。

⑥ 低筋麵粉、香草粉、泡打粉過篩後加入麵糊內,用橡皮刮刀輕輕拌勻。

③ 另取一鍋,將蛋白、鹽、1/2細砂糖放入鍋中用攪拌器打發。

⑦ 拌至無粉氣即可,不可拌至光滑,將麵糊裝入擠花袋內。

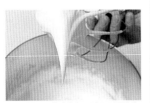

④ 將蛋白糖打發至濕性發泡約8分發。

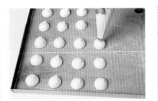

⑧ 烤盤噴烤盤油,撒上高筋麵粉,麵糊用平口花嘴隔一小段距離擠小圓球排滿烤盤,再均勻篩上糖粉。

⑨ 放進烤箱烤至表面鵝黃色即可,取出待其冷卻後,一片擠上奶油霜再蓋上另一片即完成。

材料 Ingredients

全蛋	250g.
細砂糖	210g.
鹽	2g.
低筋麵粉	180g.
香草粉	2g.
泡打粉	2g.
高筋麵粉	少許
糖粉	適量

份量 Volume

約50個

溫度與時間 Baking

上火200℃、下火180℃
8分鐘

貼心小叮嚀 Tips

1. 製作時,也可用海綿全蛋打法。
2. 這道西點亦可製成手指餅乾、或做成慕斯圍邊。
3. 烤盤如不噴油,可墊烤焙油紙。
4. 這道西點為西點蛋糕丙級技檢考題。
5. 奶油霜做法參見第28頁,及第59頁。

Cookies

戒指餅乾

黃綠相間的花環，
輕啜一口細述花戒指的傳說，
帶有一點硬脆的咬勁，
可變化多種色調的組合，
浪漫不俗。

戒指餅乾

① 奶油放室溫軟化後，放入鍋中拌勻，再將糖粉分次加入拌勻。

④ 另取一鍋將奶油、蜂蜜用小火融化後加入砂糖拌融，分成3等份。

② 蛋白、香草精慢慢加入奶油糖粉中拌勻。

⑤ 分別加入3種口味的堅果攪拌均勻，放置在不沾布上待其冷卻，各分切成20小塊。

③ 將拌勻的奶油蛋白糊分成3等份，分別加入3種口味的粉類拌成麵糰：
原味 － 低筋麵粉、玉米粉過篩後加入，用刮刀拌勻。
抹茶口味 － 低筋麵粉、抹茶粉過篩後和鮮奶油加入拌勻。
巧克力口味 － 低筋麵粉、可可粉過篩後和鮮奶油加入拌勻。

⑥ 將拌勻的3種口味麵糰分別裝入擠花袋內，用花嘴擠於烤盤上。

⑦ 再分別將3種切成小塊的糖餡放在餅乾麵糰中間，放進烤箱烤焙。

材 料 Ingredients　　　　　Cookies

香草麵糰：

奶油	225g.
糖粉	300g.
蛋白	150g.
香草精少許	

原味：		抹茶：		巧克力：	
低筋麵粉100g.		低筋麵粉100g.		低筋麵粉100g.	
玉米粉	50g.	玉米粉	40g.	可可粉	50g.
		抹茶粉	8g.	鮮奶油	10g.
		鮮奶油	10g.		

糖餡：

奶油	60g.
砂糖	80g.
蜂蜜	60g.

原味：		抹茶：		巧克力：	
核桃	20g.	松子	40g.	杏仁片	20g.
杏仁角	20g.	黑芝麻	10g.	核桃	20g.

份 量 Volume
60個

溫度與時間 Baking
上火170℃、下火160℃
15～20分鐘

貼心小叮嚀 Tips
1.奶油蛋白糊加入麵粉攪拌成麵糰後，靜置鬆弛30分鐘，可使擠出的餅乾較光滑。
2.擠花時不必太大，花型較完整漂亮。
3.烤焙時，若爐溫不均勻，中途要將烤盤調頭，才能烤出顏色均勻的餅乾。

手工蛋卷

陪伴我們一起成長的香濃餅香，
老少咸宜，
是全家歡樂時的最佳點心。

可盧

手工蛋卷

❶ 細砂糖和雪白油放入鍋中用打蛋器拌至稍發。

❷ 將全蛋分次加入拌勻。

❸ 低筋麵粉和香草粉過篩後加入，輕輕拌合均勻即可。

手工蛋卷

材料 Ingredients

細砂糖	100g.
雪白油	120g.
全蛋	150g.
低筋麵粉	50g.
香草粉	2g.
黑芝麻	適量

份量 Volume

20條

貼心小叮嚀 Tips

1.雪白油可用酥油或奶油代替。

2.糖和雪白油不需打發。

3.蛋卷模不必擦油，如模上有餘油請擦拭乾淨。

4.蛋卷模用途很多，如可用來煎銅鑼燒、蛋餅、法式薄餅、潤餅皮等。

可麗餅

材料 Ingredients

全蛋	100g.
鮮奶	240g.
泡打粉	3g.
低筋麵粉	240g.
細砂糖	80g.
起司片	12片
火腿片	12片
生菜	適量
沙拉醬	適量
玉米粒	適量

份量 Volume

12片

貼心小叮嚀 Tips

1.內餡的變化很廣，各種口味的果醬、鮪魚、起司、海鮮均可搭配。

2.T字棒轉麵糊前，請先沾水轉完再泡入水裡，會較好操作。

可麗餅

酥脆的餅皮，
鹹甜內餡都適合，
多變化的口味，
廣受年輕人的喜愛，
人氣指數高居不下。

❹ 將蛋卷模加熱，中間撒些黑芝麻，用冰淇淋勺挖適量麵糊放到已加熱的蛋卷模中間。

❺ 蓋上蛋卷模蓋，輕壓至冒熱煙後輕開蓋見餅皮呈金黃色即可。

❻ 用不鏽鋼棒輕輕捲起餅皮，待稍冷卻還有些溫度時即可脫離棒子。

❶ 全蛋用打蛋器打發至乳白色，加入鮮奶拌勻。

❷ 低筋麵粉、泡打粉過篩後加入輕輕拌勻，再加入細砂糖拌勻。

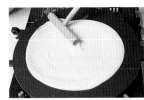

❸ 加熱平底鍋或平烤模，舀一匙麵糊至中心點，以T字棒輕輕轉圈抹平。

❹ 在一半的麵皮上放喜愛的餡料，等底部麵皮煎至金黃色，將麵皮對摺再摺三摺即可。

Cookies

杏仁瓦片酥

ロ卡ロ卡ロ卡一片接一片入口脆而不硬，口感極佳，吃了會涮嘴的小薄片，好吃無法擋。

杏仁瓦片酥

① 蛋白、細砂糖用打蛋器輕輕拌至糖融，不可拌至起泡。

② 以手指測摸糖是否已融解。

③ 將融化的奶油、香草精加入拌勻。

④ 低筋麵粉、玉米粉過篩後加入拌勻成麵糊。

⑤ 將麵糊用篩子全部過篩，靜置10分鐘。

⑥ 杏仁片倒入篩過的麵糊中，以橡皮刮刀輕輕拌勻。

⑦ 用湯匙將餡料舀至鐵弗龍平烤盤上，餡料與餡料間要隔一小段距離。

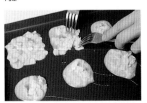

⑧ 拿叉子將杏仁片撥開平鋪，不可重疊。放進烤箱烤焙。

材料 Ingredients

蛋白	300g.
細砂糖	360g.
低筋麵粉	50g.
玉米粉	40g.
奶油	75g.
杏仁片	450g.
香草精	5g.

份量 Volume

84片

溫度與時間 Baking

上火180℃、下火170℃
12～15分鐘

貼心小叮嚀 Tips

1.蛋白和糖拌勻時不可打發或起泡。可拌勻後先靜置待糖稍融，再輕輕攪動至糖完全融解。

2.如一次無法烤完，可加蓋冷藏，三天內烤完。

3.杏仁片要撥開，不可重疊，否則不易烤脆。

4.烤好後待其冷卻至常溫，即放入袋子或密封罐中貯存，以免受潮軟化。

5.如要像瓦片有彎度，可於出爐時，將瓦片放在擀麵棍上成型。

Cookies

**義式堅果
巧克力餅乾**

一片片裸露的堅果，
流露硬脆的本質，愈嚼愈香，
再來杯咖啡，是交友談心的良伴！

義式堅果巧克力餅乾

❶ 全蛋、砂糖、紅糖、鹽放入鍋中，用攪拌器稍微打發使之變白。

❷ 低筋麵粉、香草粉、泡打粉過篩後加入拌勻成糰。

❸ 巧克力豆及烤過冷卻的核桃仁、開心果、杏仁粒加入拌勻即可。

❹ 把拌勻的麵糰取出，放在塑膠袋上壓平，蓋好放入冰箱冷藏約60分鐘。

❺ 由冰箱冷藏室取出，整型成厚1.5cm的長條狀放入烤箱烤焙。

❻ 烤熟後取出，待稍冷卻後切成寬1cm的薄片，再放入烤箱烤約20分鐘即可。

材料 Ingredients

材料	份量
全蛋	200g.
細砂糖	100g.
紅糖	80g.
香草粉	10g.
低筋麵粉	460g.
泡打粉	10g.
鹽	5g.
核桃仁	50g.
耐烤巧克力豆	50g.
開心果	50g.
杏仁粒（角）	50g.

份量 Volume

40片

溫度與時間 Baking

上火150℃，下火150℃
40～50分鐘

貼心小叮嚀 Tips

1.低溫長時間烘焙，將餅乾烤得乾硬，可保存更久。

2.攪拌好的麵糰較濕軟、黏手，一定要稍微冷藏才較好整型。

3.堅果可隨個人喜好變化。核桃仁、開心果等堅果類材料，可先用180℃烤10分鐘烤香，口感較脆。

草莓杏仁塔

鮮嫩豔紅的草莓堆砌成塔，
酸中帶甜的滋味，
搭配杏仁的芳香，讓人垂涎三尺！

❶ 奶油放室溫軟化拌勻，分次加入糖粉拌至乳白，再加入全蛋拌勻。

❷ 杏仁粉、低筋麵粉、泡打粉過篩後加入奶油糖糊中拌勻。

❸ 加入的杏仁粉、低筋麵粉、泡打粉，只需拌勻即可，不需拌至光滑。

❹ 將麵糰取出壓平，包入塑膠袋內，放入冰箱冷藏鬆弛約30分鐘。

材料 Ingredients

塔皮：		杏仁粉	120g.
奶油	160g.	蘭姆酒	10g.
糖粉	90g.	**鏡面果膠：**	
全蛋	60g.	熱開水	120g.
杏仁粉	50g.	細砂糖	50g.
泡打粉	2g.	檸檬汁	20g.
低筋麵粉	270g.	草莓香精	適量
杏仁奶油餡：		杏桃果膠	120g.
奶油	100g.	白蘭地酒	15g.
糖粉	70g.	**裝飾：**	
全蛋	60g.	新鮮草莓	適量
蛋黃	20g.	生開心果仁	少許
低筋麵粉	40g.		

份量 Volume
7吋塔模2個

溫度與時間 Baking
上火180℃、下火180℃
20～25分鐘

⑤ 從冰箱中拿出麵糰，取300g.擀開，擀成厚度約0.4㎝的塔皮，用擀麵棍捲起放入塔模內整型叉孔。

杏仁奶油餡

貼心小叮嚀 Tips

1.塔皮放入塔模後，一定要鬆弛約15分鐘再送進烤箱，否則烤時會縮，外形較差。

2.塔皮叉孔，烤後塔皮底部才不會凹凸不平或凹陷。

3.草莓沾鏡面果膠時，果膠溫度不宜太燙，待稍冷有稠度時再使用。

⑥ 擠花袋放1㎝平口花嘴將杏仁奶油餡裝入，以漩渦狀擠入塔皮內，放入烤箱烤熟。

⑨ 用毛刷在已冷卻的杏仁奶油餡表面上均勻的刷上一層果膠。

⑦ 出爐後待其稍冷卻，放在有高度的罐頭上脫模。

⑩ 草莓洗淨擦乾，用兩支牙籤叉住，沾上一層果膠後排滿杏仁塔內，撒上碎開心果裝飾。

① 鍋中放入軟化的奶油用打蛋器稍微打發，加入糖粉拌至乳白，分次加入全蛋及蛋黃拌勻。

⑧ 將鏡面果膠材料全部放入鍋中，用小火煮開拌勻。

② 加入蘭姆酒、過篩的低筋麵粉和杏仁粉拌勻，即成杏仁奶油餡。

薑餅屋

組合一間可愛的小屋，
裝滿自己的祝福，
讓脆脆的薑餅，久久不散的香味，
陪你度過歡樂的聖誕節！

① 奶油、紅糖用攪拌器拌勻，再加入蜂蜜、鮮奶拌勻。

② 將薑粉、小蘇打粉、肉桂粉、豆蔻粉、低筋麵粉加入，用慢速拌勻成麵糰。

③ 麵糰取出壓平，以塑膠袋包住，放入冰箱內冷藏鬆弛30分鐘。

材 料 Ingredients

餅乾麵糰：

奶油	85g.
紅糖	250g.
蜂蜜	250g.
鮮奶	85g.
薑粉	10g.
小蘇打粉	4g.
肉桂粉	4g.
豆蔻粉	4g.
低筋麵粉	670g.
桔子皮	65g.
杏仁角	65g.

蛋白霜：

蛋白	70g.
糖粉	500g.
白醋	1小匙
蛋液	少許

份 量 Volume

13×13cm小型4個

溫度與時間 Baking

上火170℃、下火180℃
15分鐘

貼心小叮嚀 Tips

1.如果只是要做成薑餅屋，不食
用，可不加桔子皮及杏仁角。

2.在擀平麵糰時，上下最好都墊
鐵弗龍布，防止沾黏。

3.組合好的薑餅屋，請用市售專
用盒包裝，可保存一年，送禮
亦美觀。

4.有些烘焙店有售薑餅屋模型，
大量製作時可省時、省力。

5.如要做好吃的薑餅，杏仁角及
桔子皮於拌成麵糰後加入拌合。

❹ 從冰箱取出，以鐵弗
龍布墊底將麵糰擀平成
厚約0.5cm的方形，用模
型或切割好的紙板壓出
形狀。

蛋白霜及組合

❷ 組合時，接合處兩邊
皆要擠糖霜，後牆與側
牆同時貼上。

❺ 去掉模型以外的麵
皮，用叉子叉氣孔，刷
上蛋液，用有齒刮板劃
紋路，放入烤箱烤焙。

❶ 蛋白不用打發，只需
將糖粉過篩分次加入蛋
白內，攪拌至光滑濕性
發泡狀即成糖霜，裝入
擠花袋內備用。

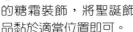

❹ 在屋頂邊擠上雪滴狀
的糖霜裝飾，將聖誕飾
品黏於適當位置即可。

❸ 兩片屋頂擠好
糖霜，同時貼上
並調整好角度，
再貼煙囪和門。

牛軋糖

濃郁的奶香與花生味，
一點也不黏牙，
吃多了也不覺得甜膩。

❶ 水、水麥芽、細砂糖、鹽放入鍋中，以小火煮約20分鐘（不需攪拌）。

❷ 煮至糖漿呈濃稠狀，且溫度約130℃，熄火。

❸ 用球狀攪拌器將蛋白打發至呈細小泡沫狀。

材料 Ingredients

水	150g.
水麥芽	750g.
細砂糖	450g.
鹽	10g.
蛋白	65g.
奶油	200g.
奶粉	200g.
熟花生仁	600g.

份量 Volume
2,200g.

貼心小叮嚀 Tips

1. 煮水麥芽與糖水時不需攪拌，若攪拌很容易拌入空氣而造成糖漿溢出。

2. 糖漿倒入蛋白時不可太快，否則蛋白會燙熟，且做出的糖會較黃。

3. 熟花生仁在製作時以100℃烤10分鐘，可在攪拌時延長糖漿凝固的時間，容易拌合。

4. 如做抹茶口味，可將奶粉減30g.，抹茶粉加30g.與奶粉一起加入。

5. 因加入糖漿後會變硬且加花生時溫度會冷卻，所以不適合再使用球狀攪拌器，而要改用漿狀拌打器來拌合。

❹ 將煮至130℃的糖漿慢慢倒入打發的蛋白中，並同時以中速攪拌均勻。

❺ 奶油分次加入糖漿蛋白糊中，拌勻後換漿狀拌打器。

❻ 奶粉加入奶油糖漿中，拌勻。

❼ 烤熟的花生仁加入奶油糖漿中拌勻。

❽ 以耐熱刮刀刮起，裝入鋪鐵弗龍布的平盤（約36×27×2cm）。

❾ 以鐵弗龍布蓋住，用擀麵棍壓平，待完全冷卻，以利刀切約5×1.5×1.5cm長條。

❿ 內層以糯米紙、外層以玻璃紙包裹即可。

棗泥核桃糖

咬了一口，
清甜的紅棗、
不黏膩的水麥芽香繚繞於齒間，
真是人間美味！

❶ 無子紅棗放入適量滾水中煮軟，放在粗孔篩網上，用木匙壓碎，去除紅棗皮，即成棗泥茸備用。

❷ 二砂糖、水麥芽和140g.水放入鍋中，以小火煮約20分鐘（不需攪拌）。煮至糖漿呈濃稠狀，且溫度約130℃，熄火。

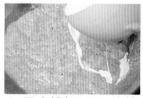

❸ 玉米粉加200g.水拌融，慢慢加入糖漿中，以木杓依同方向攪拌。

材料 Ingredients

二砂糖	400g.
水麥芽	900g.
水	140g.
玉米粉	150g.
水	200g.
奶油	90g.
奶水	100g.
無子紅棗	600g.
核桃仁	700g.

份量 Volume

2,400g.

貼心小叮嚀 Tips

1. 選購無子紅棗磨泥較方便，可至烘焙材料行或中藥材店購買。

2. 玉米粉水慢慢加入糖漿中，攪拌時較不易結塊。

3. 紅棗味清香，有別於黑棗的焦酸味。

4. 以冰水測試糖的軟硬度，要呈硬Q狀，而不是軟Q狀。

5. 將核桃仁以180℃烤15分鐘烤香備用。

④ 加入奶油、奶水，繼續以小火煮至濃稠。

⑦ 取少量放入冰水中，用手捏凝固成硬Q度即可。

⑤ 加入棗泥茸，以同方向攪拌。

⑧ 倒入烤香的核桃仁拌合。

⑨ 用耐熱刮刀刮起，裝入鋪鐵弗龍布的平盤，再蓋上鐵弗龍布，用擀麵棍壓平。

⑥ 煮至稍具糕狀，木匙可劃出線條的程度。

⑩ 待完全冷卻，以利刀切成5×1.8×1.8cm長條。內層以糯米紙、外層以玻璃紙包裹即可。

泡芙

鬆軟適中的外皮，
搭配清爽順口的內餡，
一道老少咸宜，吃了還想再吃的點心！

① 沙拉油（奶油）、水、鹽放入鍋中用小火煮沸。

② 低筋麵粉過篩倒入煮沸的奶油水內，續以小火攪拌30秒至麵粉不沾黏即可離火。

③ 冷卻至65℃左右，將蛋分4～5次加入麵糊中，用木匙拌勻。

④ 拌至拉起麵糊時會慢慢滴下，並呈三角光滑形狀。

材料 Ingredients

水	260g.
沙拉油（奶油）	120g.
低筋麵粉	140g.
全蛋	300g.
鹽	少許
防潮糖粉	少許

份 量 Volume

中型20個

溫度與時間 Baking

上火200℃、下火200℃
20～30分鐘

貼心小叮嚀 Tips

1.泡芙的成敗，與麵糊軟硬度有很大關係。而水的煮沸時間及麵粉的吸水量亦與加蛋的多寡有關，所以軟硬適中的麵糊，應是加入蛋後攪拌均勻的麵糊，拉起時呈三角形光滑狀，且慢慢滴下為佳。

2.奶油布丁餡的做法見第56頁。

❺ 麵糊裝入擠花袋以平口花嘴擠在烤盤上，注意每個麵糊間要隔一小段距離。

❻ 要放進烤箱之前，表面要噴水再放進烤箱烤焙。

❾ 圓形泡芙在1/3處以鋸刀切開，用擠花袋擠入適量布丁餡即可。

❿ 天鵝形的泡芙在1/3處用鋸刀切開，將1/3的那片餅皮對切成兩半當做翅膀。

❼ 要做成天鵝形狀，則擠麵糊時，要擠成橢圓形，做為天鵝的身體。

❽ 再將麵糊擠成2字形，做成天鵝的脖子。

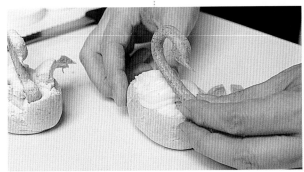

⓫ 用擠花袋擠入適量的布丁餡，將天鵝的脖子放進身體內，再將兩片翅膀插入，表面篩防潮糖粉即可。

奶油布丁餡

材料 Ingredients

鮮奶	1,000g.
玉米粉	50g.
低筋麵粉	50g.
細砂糖	220g.
蛋黃	8個
奶油	50g.
檸檬皮	1個

份量 Volume

中型20個

貼心小叮嚀 Tips

1.在做法③以小火拌煮時如發現有小焦點產生，必須馬上停止爐火，並換鋼盆再煮至冒氣泡。

2.檸檬皮只要綠色部分，白色不可加入，會苦澀。

① 玉米粉、麵粉過篩後放入鍋中，加入糖攪拌均勻。

④ 趁熱將奶油加入麵糊中拌勻。

② 蛋黃加入麵粉糖中攪拌成糊狀。

⑤ 將檸檬皮刨碎加入奶油糊中拌勻，增加香味。

③ 鮮奶用小火煮沸分次加入麵糊中拌勻，再放回爐火上以小火拌煮至冒泡即可離火。

⑥ 把拌勻的奶油糊放在平盤內，讓其冷卻，表面可用保鮮膜覆蓋以防表面乾皮。

蛋糕類

香醇摩卡戚風卷

咖啡的香醇，
簡單的霜飾，
綿細的蛋糕中
還帶有香甜核桃的嚼感。

❶ 蛋黃、細砂糖放入鍋
中，用打蛋器打至乳白
色，加入沙拉油拌勻。

❷ 咖啡粉用熱水拌融後
倒入拌勻。

❸ 低筋麵粉、泡打粉過
篩後加入，用打蛋器輕
輕拌勻成麵糊。

材 料 Ingredients

咖啡蛋糕：

蛋黃	100g.
細砂糖	40g.
沙拉油	55g.
熱水	55g.
咖啡粉	8g.
低筋麵粉	90g.
泡打粉	2g.
蛋白	200g.
細砂糖	70g.

咖啡奶油霜：

奶油	150g.
白油	80g.
蛋白	60g.
細砂糖	40g.
水	40g.
咖啡粉	8g.
熱開水	40g.
咖啡酒	15g.
碎蜜核桃	50g.

裝飾：

防潮糖粉	適量
打發鮮奶油	少許
咖啡豆	少許

份 量 Volume

30cm1條

溫度與時間 Baking

上火180℃、下火165℃
20～25分鐘

貼心小叮嚀 Tips

1. 奶油霜加上義大利蛋白霜，讓口感更佳，這道蛋糕冰過更好吃。

2. 咖啡粉為一般即溶咖啡粉即可，將咖啡粉與40g.熱開水拌勻成咖啡液備用。

3. 只要蛋白打發適中，攪拌得好，這道蛋糕很容易做，又好看哦。

❹ 另取一鍋，將蛋白、細砂糖分次加入，攪拌至偏乾性發泡，與咖啡麵糊拌勻。

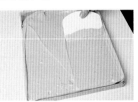
❺ 36×27cm的平烤盤鋪油紙，將拌好的麵糊倒入並以軟刮板抹平，放入烤箱烤焙。

❻ 將烤好冷卻的蛋糕放在防油紙上，均勻抹上咖啡奶油霜，撒上碎蜜核桃，再以擀麵棍捲起。

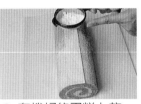
❼ 在捲好的蛋糕上放一張長紙片，用篩網將防潮糖粉篩上，再擠鮮奶油，放咖啡豆裝飾。

咖啡奶油霜

❶ 細砂糖加水煮約1分鐘倒入已打發蛋白中再打至濕性發泡。

❷ 另取一鍋放入軟化的奶油、白油打發至乳白，倒入蛋白霜中拌勻。

❸ 加入咖啡酒與咖啡液拌勻成咖啡奶油霜。

抹茶紅豆戚風蛋糕

① 奶油、水、鮮奶放入鍋中，用小火加熱至50℃左右離火。

② 低筋麵粉、抹茶粉、泡打粉過篩後加入拌勻。

③ 加入蛋黃拌勻。

健康的抹茶芳香
配上香香甜甜的蜜紅豆，
口感極佳，很速配喔！

材 料 Ingredients

抹茶蛋糕：

奶油	45g.
水	50g.
鮮奶	30g.
低筋麵粉	70g.
泡打粉	1g.
抹茶粉	10g.
蛋黃	90g.
蛋白	180g.
細砂糖	70g.

裝飾：

植物性鮮奶油	350g.
抹茶粉	10g.
熱開水	20g.
蜜紅豆	適量

份 量 Volume

8吋圓形模1個

溫度與時間 Baking

上火175℃、下火165℃
30～35分鐘

貼心小叮嚀 Tips

1.這是另一種的分蛋打法，可使蛋糕更鬆軟，保濕性佳。

2.裝飾鮮奶油亦可選擇動物性鮮奶油，較不甜，或可兩者各半混合使用。

3.裝飾表面的水果，可用當季的水果代替。

④ 另取一鍋，將蛋白打起泡，加細砂糖攪拌至偏乾性發泡，分次加入抹茶麵糊中拌合。

⑤ 倒入活動蛋糕模抹平，拿起蛋糕模往桌上輕敲去除麵糊內的大氣泡。

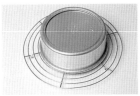

⑥ 送進烤箱烤焙，烤至輕拍中心點有彈性堅實感，取出，往桌上輕敲倒扣待其冷卻。

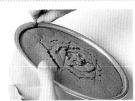

⑦ 以刮刀鬆開模邊將蛋糕脫模，再將活動底與蛋糕撥離。

⑧ 抹茶粉與熱開水調勻成抹茶液；鮮奶油打至濕性狀，倒入抹茶液拌勻。

⑨ 蛋糕切成三片，抹上鮮奶油，再撒上蜜紅豆做為夾心。

⑩ 將蛋糕外圍塗上鮮奶油，用抹刀將鮮奶油抹平。

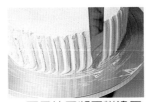

⑪ 再用抹刀將蛋糕邊壓出線條。

⑫ 以花嘴將鮮奶油擠出立體線條約8條，旁邊擺上紅豆及水果即可。

大理石雪紡蛋糕

彷彿大理石的紋理、
素雅的外型，
柔細、鬆軟有彈性的組織，
冷藏後更好吃，
簡單易學又美味。

❶ 蛋黃、50g.細砂糖放入鍋中用打蛋器拌至淡黃色，加入沙拉油、鮮奶、香草精、蘭姆酒拌勻。

❷ 低筋麵粉、泡打粉過篩後加入拌勻。

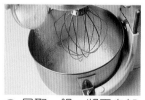

❸ 另取一鍋，將蛋白加鹽打起泡，90g.細砂糖分2次加入打至乾性發泡。

材料 Ingredients

蛋黃	100g.
細砂糖	50g.
沙拉油	80g.
鮮奶	80g.
香草精	3g.
蘭姆酒	10g.
低筋麵粉	110g.
泡打粉	2g.
蛋白	250g.
細砂糖	90g.
鹽	2g.
可可粉	10g.
熱水	40g.

份量 Volume

20cm中空模1個

温度與時間 Baking

上火180℃、下火170℃
烤35分鐘

貼心小叮嚀 Tips

1.這個配方若不加可可麵糊，即是香草蛋糕；若將可可麵糊均勻的拌於蛋白糊中，即可做成巧克力蛋糕。

2.這道蛋糕用的20cm中空模，較一般台製中空模高，做出的產品較有價值感及成就感。

3.大理石雪紡蛋糕組織鬆軟，水分多，較不適合裝飾夾心，品嚐時若能搭配打發鮮奶油，口感更佳。

4.為了保持蛋糕的完整性，所以用裝了水的細口空酒瓶，而不用倒扣架。

❹ 蛋白糖打發至拉起呈堅挺狀。

❺ 將蛋白糖分2次加入麵糊中拌勻。

❼ 把可可麵糊倒在白麵糊上以刮刀輕拌兩下，倒入蛋糕模內，用筷子畫圈並將蛋糕模輕敲，放進烤箱烤焙。

❾ 脫模時先鬆開中空部分，提出蛋糕。

❻ 可可粉和熱水調勻，加入少許白麵糊拌合，即成可可麵糊。

❽ 烘烤完成取出後立即輕敲並倒扣在裝了水的酒瓶待其冷卻。

❿ 再以刮刀將蛋糕與底模脫離。

焦糖布丁蛋糕

① 細砂糖加15g.水以小火煮，不可攪拌。

② 煮至焦黃冒煙即離火。

③ 果凍液部分的400g.水慢慢由鍋邊加入，再用小火煮沸。

④ 將吉利T和50g.細砂糖混合拌勻，慢慢倒入鍋中並用打蛋器攪拌至糖融，離火。

亮麗的焦糖果凍、
嫩嫩的布丁加上香軟的蛋糕，
三合一完美的組合，
凡人無法擋。

材 料 Ingredients

焦糖：

細砂糖	100g.
水	15g.

果凍液：

水	400g.
細砂糖	50g.
吉利T	15g.

布丁液：

水	200g.
細砂糖	180g.
鮮奶	500g.
全蛋	500g.
香草精	3g.

戚風蛋糕：

鮮奶	80g.
奶油	90g.
低筋麵粉	95g.
香草精	3g.
蛋黃	140g.
蛋白	280g.
細砂糖	140g.
塔塔粉	1g.
蘭姆酒	10g.

份 量 Volume

直徑10.5cm×高3.7cm
的烤模16個

溫度與時間 Baking

全火200℃烤約10分
鐘，轉成170℃再烤30
分鐘
40～45分鐘

⑤ 煮好的焦糖果凍液平
均倒入烤模內待其冷卻
結凍。

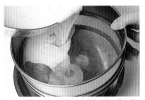

⑥ 將**布丁液**用篩網過濾
後，平均倒在已結凍的
焦糖凍上。

⑦ 擠花袋裝平口花嘴將
蛋糕麵糊由模邊往中間
擠於布丁液上，放進烤
箱用熱水隔水烤焙。

⑧ 脫模時用小刀刮模
邊，再倒扣至盤上。

布丁液

① 布丁部分的200g.水
和細砂糖放入鍋中用小
火煮融後離火，倒入鮮
奶拌勻。

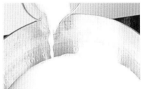

② 全蛋打散後和香草精
加入鮮奶糖水中拌勻再
過濾即成布丁液。

蛋糕麵糊

① 鮮奶和奶油用小火加
熱約65℃，加入過篩的
低筋麵粉拌勻，再倒入
蛋黃、香草精、蘭姆酒
拌勻成麵糊。

② 另取一鍋，將蛋白和
塔塔粉打起泡後加糖打
發至乾性發泡，與麵糊
拌合，裝入擠花袋內。

貼心小叮嚀 Tips

1.將果凍部分的400g.
水倒入焦糖時，可戴
手套，避免燙手。

2.吉利T不可用吉利丁
代替，因為凝固點不
同。

3.這道蛋糕可單獨分
開，便成了三種產
品：1焦糖果凍、2焦
糖布丁、3黃金蛋糕。

4.蛋糕烤好出爐後要
充分冷卻再脫模。

5.這道的份量可做成2
個8吋布丁蛋糕。

6.若用小烤箱製作，
請將份量減半為一次8
個小蛋糕。

Cakes

麥香核桃香蕉蛋糕

高纖麥香中，
散發香蕉誘人的氣味，
搭配酥脆核桃仁，
很有健康概念喔！

麥香核桃香蕉蛋糕

① 將奶油、細砂糖、鹽放入鍋中用漿狀攪拌器稍打發。

② 全蛋分次加入奶油糖中拌勻。

③ 低筋麵粉、全麥麵粉、泡打粉、小蘇打粉過篩後加入，用慢速拌合。

④ 粉類加入後輕輕攪拌，不要拌太久。

⑤ 香蕉去皮，用叉子壓成香蕉泥。

⑥ 將香蕉泥加入麵糊內，用慢速拌均勻即可。

⑦ 用冰淇淋勺或湯匙挖麵糊至紙杯中約6～7分滿。

⑧ 核桃仁切碎成1/8大小，適量地撒在麵糊上，放進烤箱烤焙。

材料 Ingredients

Cakes

奶油	220g.
細砂糖	150g.
鹽	3g.
全蛋	80g.
低筋麵粉	260g.
全麥麵粉	70g.
泡打粉	5g.
小蘇打粉	3g.
熟香蕉	5條
核桃仁	適量

份量 Volume
小哈雷紙杯15個

溫度與時間 Baking
上火170℃、下火170℃
20～25分鐘

貼心小叮嚀 Tips
1. 奶油不需打太發，否則會鬆軟易塌。
2. 香蕉選購熟的較香甜。
3. 泡打粉與蘇打粉可用量匙或微量磅秤秤量。如用一格10g.的磅秤，易秤過量，導致產品太膨鬆，口感較差。

Cakes
水果蛋糕

一片片厚實的口感，
又有蜜餞水果的芳香，
內餡可隨個人喜歡變化，
加葡萄乾、其他果乾或堅果皆美味。

水果蛋糕

Cakes

① 攪拌缸中放入奶油、雪白油攪拌均勻，加入過篩的高筋麵粉和泡打粉打發至膨鬆。

② 加入SP乳化劑再攪拌至麵糊泛白鬆發。

③ 細砂糖和鹽加入麵糊內拌勻。

④ 將全蛋分次加入，攪拌至糖融，摸無糖粒。

⑤ 最後加入奶水拌至麵糊呈光滑狀。

⑥ 蜜餞水果泡蘭姆酒後加入拌勻即可倒入烤模，放進烤箱烤焙。

材料 Ing.redients

雪白油	150g.
奶油	220g.
高筋麵粉	370g.
泡打粉	2g.
SP乳化劑	8g.
細砂糖	370g.
鹽	6g.
全蛋	370g.
奶水	40g.
蜜餞水果	200g.
蘭姆酒	50g.

份量 Volume

18×9×8cm長方形烤模
3個

溫度與時間 Baking

上火170℃、下火
175℃
40～45分鐘

貼心小叮嚀 Tips

1. 雪白油亦可用酥油、奶油代替，不過用雪白油較好打發。

2. SP乳化劑幫助穩定氣泡，也叫蛋糕起泡劑。

3. 蜜餞水果先用蘭姆酒浸泡30分鐘備用。蜜餞水果亦可用其他堅果代替。

4. 此種重奶油蛋糕，可用糖油拌合法或粉油拌合法。

5. 水果蛋糕，有別於一般蛋糕，可使用高筋麵粉。

Cakes

香橙蛋糕

討好的外觀、濃郁的橙皮香、
鬆軟濕潤的口感，
值得細細品嘗，
是搭配下午茶的最佳點心。

① 鍋中放入軟化的奶油和糖粉，用打蛋器打發至乳白。

② 蛋黃分次加入奶油糖中拌勻後，加入過篩的高、低筋麵粉和泡打粉拌勻。

③ 另取一鍋將蛋白和細砂糖打成濕性發泡後與奶油麵糊拌合。

④ 加入橙皮絲、橙皮酒及香精拌勻即可。

⑤ 烤模噴烤盤油，撒上高筋麵粉，倒扣去除多餘麵粉，再把麵糊倒入抹平放進烤箱烤焙。

⑥ 用糖水將切薄片的柳橙片煮軟。

⑦ 煮好的柳橙片排在冷卻的蛋糕面上，刷上煮融的杏桃果膠即可。

材料 Ing.redients

奶油	160g.
糖粉	60g.
蛋黃	110g.
高筋麵粉	60g.
低筋麵粉	75g.
泡打粉	2g.
蛋白	130g.
細砂糖	80g.
糖漬橙皮絲	150g.
橙皮酒	10g.
柳橙香精	3g.
裝飾用：	
糖	50g.
水	100g.
柳橙皮	12片
杏桃果膠	適量

份量 Volume

半圓弧烤模1條

溫度與時間 Baking

上火175℃、下火175℃
30～35分鐘

貼心小叮嚀 Tips

1.橙皮絲一般烘焙材料行有售，亦可自製。將橙皮切絲（白色部分不要），以沸水煮過2～3次去苦味。再用砂糖及蜂蜜用小火熬煮入味。

2.雖是糖油拌合法，但又加上打發蛋白霜，組織更鬆軟，是此蛋糕的特色。

3.香橙蛋糕放於常溫保存，隔天食用，口感更佳。

香橙蛋糕

黃金蛋糕&薄餅

① 鮮奶和奶油放入鍋中，加熱至約65℃。

② 低筋麵粉過篩後加入用打蛋器拌成糊狀。

③ 加入蛋黃及全蛋打散拌勻。

④ 倒入蘭姆酒、鹽及香草精拌勻。

黃金色的外觀，柔軟細緻的組織，
保濕性佳，入口即化，
包上法式薄餅，
更添美味及高貴感。

材 料 Ing.redients

蛋糕：

鮮奶	85g.
奶油	90g.
細砂糖	150g.
低筋麵粉	95g.
鹽	3g.
蛋黃	125g.
全蛋	80g.
蛋白	250g.
塔塔粉	2g.
蘭姆酒	10g.
香草精	3g.

法式薄餅：

全蛋	4個
細砂糖	100g.
鮮奶	400g.
奶油	60g.
低筋麵粉	200g.

份 量 Volume

黃金蛋糕20小塊（8×
5cm）
薄餅24片

溫度與時間 Baking

上火220℃、下火170℃，
著色後，上火改成170℃
35～40分鐘

貼心小叮嚀 Tips

1. 黃金蛋糕&法式薄餅
為兩種產品的組合，
可分別製作變化。

2. 蛋糕也可只做成1個
8吋蛋糕。

3. 黃金蛋糕用隔水烤焙
法烤焙口感較柔軟。

❺ 另取一鍋放入蛋白和
塔塔粉，打起泡後分次
加入細砂糖打至濕性發
泡。

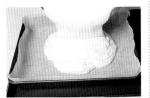

❻ 將麵糊與蛋白糖均勻
拌合後，倒入已鋪油紙的
35×25×5cm深平烤盤。

❼ 將烤盤放置在另一個
加水的烤盤上，用隔水
烤焙法烤焙。

❽ 烤至輕拍蛋糕中心堅
實有彈性即可出爐，撥
開邊紙待其冷卻切去斜
邊，切成8×5cm 20塊。

薄餅

❶ 鍋中放入蛋和細砂糖
拌勻後加入鮮奶及煮融
的奶油攪拌，最後加入
過篩的低筋麵粉拌勻。

❷ 將麵糊倒入平底鍋內
乾煎至單面呈金黃焦紋
即成薄餅，將切塊的黃
金蛋糕包在薄餅內即
可。

巧克力
藍莓蛋糕

誘人的巧克力和藍莓的組合
是蛋糕的絕配,
簡單的糖粉裝飾,
即可表現出巧克力蛋糕的特色,
搭配下午茶會有滿足的感覺喔。

材 料 Ing.redients		巧克力蛋糕：		份 量 Volume
苦甜巧克力	70g.	蛋黃	100g.	8吋圓形模1個
奶油	70g.	細砂糖	70g.	
鮮奶油	70g.	蛋白	90g.	**溫度與時間** Baking
低筋麵粉	30g.	細砂糖	45g.	上火170℃、下火170℃
可可粉	35g.	低筋麵粉	40g.	30～40分鐘
蛋白	80g.	杏仁粉	25g.	
細砂糖	80g.	糖粉	25g.	
藍莓果醬	250g.	可可粉	20g.	
		奶油	20g.	

❶ 鍋中放入切碎的巧克力、奶油和鮮奶油，用隔水加熱法隔水融化拌勻。

❷ 低筋麵粉、可可粉過篩後加入拌勻成麵糊。

❸ 另取一鍋，將蛋白、細砂糖拌打至濕性發泡後與麵糊拌勻。

❹ 將一片蛋糕片抹上藍莓醬放入烤模底部，倒入1/2麵糊，再放入另一片抹藍莓醬的蛋糕片及剩餘的1/2麵糊，放進烤箱內烤焙。

巧克力蛋糕

❶ 蛋黃、細砂糖放入鍋中用打蛋器打發至乳白。

❷ 另取一鍋放入蛋白、細砂糖打發至濕性發泡後與蛋黃糖拌合。

❸ 低筋麵粉、杏仁粉、糖粉、可可粉混合過篩後加入拌合，最後拌入融化奶油，拌勻後倒進烤模內放進烤箱以180℃烤25分鐘。

❹ 烤好的蛋糕出爐後倒扣放涼，脫模，再橫切成2個圓片備用。

貼心小叮嚀 Tips

1.重巧克力麵糊，烤好後稍微塌陷為正常，也可在最上面再加1片巧克力蛋糕片會使烤出來的蛋糕較平整。

2.蛋糕片先抹果醬再放入，操作上會較順手。

3.果醬須選購烘焙用，才不會出水。（應選用澱粉調理的果醬而非果膠調理）

4.亦可用蘋果醬代替，口感也很好。

Cakes

布朗尼蛋糕

濃郁的巧克力香，
讓你不顧一切的一塊接一塊，
回味無窮，喝口清淡的茶，
更順口。

布朗尼蛋糕

❶ 鍋中放入全蛋和細砂糖,以隔水加熱法,邊加熱邊攪拌至40℃左右。

❷ 將全蛋攪拌至乳白濃稠狀。

❸ 另取一鍋將切碎的巧克力、奶油用隔水加熱法,隔水融化拌勻,再倒入稠狀全蛋糊中拌合。

❹ 高、低筋麵粉、可可粉、鹽混合過篩後加入,再加入香草精拌勻成麵糊。

❺ 拌勻的麵糊倒入鋪好油紙的深平烤盤,表面撒上切碎的核桃仁,放進烤箱烤焙。

❻ 蛋糕出爐冷卻後,將可可粉用篩子篩於蛋糕表面做為裝飾。

材 料 Ing.redients

全蛋	450g.
細砂糖	600g.
高筋麵粉	200g.
低筋麵粉	200g.
鹽	3g.
可可粉	150g.
苦甜巧克力	280g.
奶油	280g.
香草精	10g.
核桃仁	100g.
可可粉	適量（裝飾用）

份 量 Volume

35×5×25cm 1盤

溫度與時間 Baking

上火140℃、下火170℃
40～50分鐘

貼心小叮嚀 Tips

1. 全蛋加糖打發後,最後用慢速攪拌,將氣泡拌柔細。

2. 可直接用中筋麵粉代替高、低筋麵粉。

3. 核桃仁約切為1/8小塊即可,太碎較沒價值感。

4. 麵糊內,亦可拌入核桃碎粒或耐烤巧克力豆。

5. 此為重奶油蛋糕,也可用分蛋打法製作(見第95頁),口感上有些許不同。

蛋糕裝飾步驟

工具

鋸刀
轉台
抹刀
擠花袋
8齒菊花嘴
巧克力磚
刮板

❶ 250g.液態鮮奶油倒入鍋中，以打蛋器攪拌打發。

❷ 鮮奶油打發至光滑有直角狀態，加適量白蘭地酒拌合。

❸ 草莓洗淨加適量糖粉及白蘭地酒輕拌。

❹ 蛋糕體反面置轉台中間以鋸刀輕輕橫切成三片。

❺ 取適量鮮奶油以抹刀平均鋪抹在蛋糕上。

❻ 排上草莓片後，再取少許鮮奶油輕抹蓋上草莓片。

❼ 放上第二片蛋糕重覆夾心動作，將第三片蛋糕蓋上輕壓整型。

❽ 抹面時將抹刀前端置蛋糕中心點，轉動轉台即可均勻抹平。

❾ 抹邊時抹刀垂直30度角將鮮奶油均勻抹上。

⑩ 最後抹刀擦乾淨將表面及直角處抹平。

⑬ 巧克力磚置於紙上，用圓壓模刮出巧克力屑。

⑯ 整粒草莓洗淨拭乾，沾上融化的杏桃果膠排於貝殼花邊。

⑪ 抹刀至蛋糕底邊轉動轉台將多餘鮮奶油收起。

⑭ 以軟刮板將巧克力屑輕沾至蛋糕邊。

⑰ 中間鋪滿巧克力屑。

⑫ 抹刀從蛋糕底部插入提起，左手與抹刀呈三角形狀將蛋糕取至盤中。

⑮ 擠花袋裝上齒狀花嘴將鮮奶油裝入，由外往內擠貝殼花樣。

⑱ 篩上雪花般的防潮糖粉裝飾。

西點
慕斯類
03

濃郁的藍莓香，
滑潤順口的慕斯，
再加上整顆整顆的藍莓果
滿足你挑剔的嘴。

Mousse

隨著四季的變化，
發揮創意，
添加不同的水果，
會有意想不到的好滋味哦！

香濃的栗子餡
和克寧姆鮮奶油攪拌後，
口感更滑順，搭配蛋糕，
讓滋味更豐富。

Mousse

蒙布朗蛋糕

香濃的栗子餡和克寧姆鮮奶油攪拌後，
口感更滑順，搭配蛋糕，
讓滋味更豐富。

蒙布朗蛋糕

Mousse

① 蛋黃、50g.細砂糖放入鍋中打發，倒入融化的奶油拌勻，再加入過篩的麵粉、泡打粉拌合；另取一鍋放入蛋白、80g.細砂糖打發，將打發的蛋白霜拌入奶油麵糊內拌合，倒入平烤盤，以170℃烤約20分鐘。

② 鍋中放入鮮奶油和細砂糖打發。

③ 吉利丁泡軟隔水融化後與酒拌勻，再加入鮮奶油拌合。

④ 克寧姆粉和鮮奶拌勻與打發鮮奶油拌勻即為中間內餡。

⑤ 蛋糕用圓模壓成片狀，將克寧姆鮮奶油餡擠成尖錐狀。

⑥ 栗子餡用攪拌器拌軟。

⑦ 將剩餘克寧姆鮮奶油加入栗子餡拌勻後加一滴黃色素拌勻。

⑧ 以6孔花嘴繞圈擠栗子餡於鮮奶油上，篩防潮糖粉及栗子裝飾。

材料 Ingredients

材料	份量
動物性鮮奶油	200 g.
細砂糖	25 g.
吉利丁片	1片
白蘭地酒	5 g.
栗子餡	300 g.
克寧姆粉	20 g.
鮮奶	100 g.
黃色素	少許
栗子粒	12個

蛋糕片：

蛋黃	80 g.
細砂糖	50 g.
奶油	70 g.
低筋麵粉	130 g.
泡打粉	2 g.
蛋白	180 g.
細砂糖	80 g.

份量 Volume

12個

貼心小叮嚀 Tips

1.蛋糕體亦可用海綿打法製作。

2.擠栗子餡的花嘴用菊花嘴也很漂亮。

3.加酒為了增加風味，用其他水果酒亦可。

4.若無篩在表面的防潮糖粉，不可用糖粉代替，會受潮。

Mousse

藍莓慕思

濃郁的藍莓香，
滑潤順口的慕斯，
再加上整顆整顆的藍莓果粒，
滿足你挑剔的嘴。

藍莓慕斯

材 料 Ingredients

藍莓果泥	120g.
細砂糖	45g.
吉利丁片	4片
冷凍藍莓粒	150g.
白蘭地酒	10g.
動物性鮮奶油	400g.
蛋糕片	2片
鏡面果膠	少許
防潮糖粉	少許

份 量 Volume
8吋慕斯圈1個

貼心小叮嚀 Tips

1.藍莓粒可加入慕斯餡內拌合或作夾層使用。

2.紙雕紙片有現成的，一包內多種花樣，用完洗淨拭乾可重覆使用。

3.藍莓可用市售罐頭裝糖漬藍莓打成泥亦可。

4.酒糖液的做法：將100g.水和50g.糖煮融後放冷卻，再加入20g.白蘭地酒或蘭姆酒拌勻即可。

① 藍莓果泥、細砂糖煮至糖融，加入泡軟的吉利丁片拌融。

⑤ 中間再放蛋糕片，將剩餘的慕斯餡倒入，用抹刀抹平，放入冰箱冷凍約3小時。

② 將白蘭地酒加入已冷卻的藍莓餡中拌勻，再分次加入打發鮮奶油拌合。

⑥ 取少許果泥加鏡面果膠拌勻，抹在冰硬的慕斯上。

③ 蛋糕片放入慕斯圈內，刷上酒糖液。

⑦ 表面放紙雕花樣，篩防潮糖粉裝飾。

④ 以擠花袋將慕斯餡擠上一層，上面鋪藍莓粒。

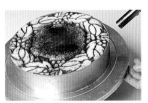

⑧ 脫模時以噴槍加熱模邊，將慕斯圈脫離即可。

草莓慕斯

在草莓的季節，
做一個滿滿都是鮮豔亮麗的草莓慕斯，
是做糕點最幸福的時刻。

① 將慕斯圈底部包上保鮮膜，放入薄蛋糕片。

② 在蛋糕片上刷少許酒糖液。

③ 在慕斯圈周邊排入切半的新鮮草莓，先放入冰箱冷凍約10分鐘備用。

材 料 Ingredients

草莓果泥	400g.
動物鮮奶油	250g.
吉利丁	8片
蛋白	100g.
細砂糖	150g.
白蘭地酒	20g.
切半的新鮮草莓	適量
6吋蛋糕片	4片
鏡面果膠	適量

份 量 Volume

6吋慕斯圈2個

貼心小叮嚀 Tips

1.草莓盛產時用新鮮草莓打成泥製作,更具風味。
2.草莓果泥可分裝冷凍,要使用時再取出解凍。
3.如果用現成的草莓果泥,可加少許檸檬汁提味。
4.酒糖液做法見第85頁。

④ 草莓果泥用小火加熱至70℃左右,加入泡軟的吉利丁片拌融。

⑦ 將鮮奶油打發至有紋路,約7分發。

⑩ 中層放入一個稍小的蛋糕片,刷上酒糖液再將剩餘的慕斯餡倒滿抹平,放入冰箱內冷凍。

⑤ 細砂糖加少許水煮至115℃,慢慢倒入打起泡的蛋白裡打至濕性發泡。

⑧ 白蘭地酒及打發鮮奶油加入草莓蛋白糊中拌勻成慕斯餡。

⑪ 待慕斯冷凍冰硬後取出,在表面排上草莓片。

⑥ 待草莓泥冷卻至常溫後,加入打發的蛋白霜拌勻。

⑨ 將1/2慕斯餡倒入排好草莓的慕斯圈內。

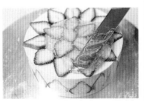

⑫ 在草莓片抹上一層鏡面果膠即成。

奶香水果慕斯

隨著四季的變化，
發揮創意，添加不同的水果，
會有意想不到的好滋味哦！

① 蛋糕片以慕斯圈壓出
理想大小。

② 中間夾層的蛋糕片可
用剪刀再修小一點。

③ 慕斯圈底包上保鮮
膜，鋪上水果片後淋上
一層杏桃果膠，放入冰
箱冷凍備用。

材料 Inredients

蛋黃	4個
細砂糖	100g.
鮮奶	450g.
白巧克力	100g.
白蘭地酒	20g.
吉利丁片	25g.
動物性鮮奶油	450g.
水果片	適量
杏桃果膠	100g.
蛋糕片	4片

份量 Volume

8吋慕斯圈2個

貼心小叮嚀 Tips

1.以1：1的比例將杏桃果膠加水煮融，待稍冷卻未凝固前淋在水果片上固定。

2.圍邊的巧克力薄片，可隨個人創意，高低不拘，做法見第31頁。

3.酒糖液做法見第85頁。

④ 蛋黃、細砂糖放入鍋中拌勻，倒入溫熱的鮮奶拌勻。

⑦ 鮮奶油打發後加入拌勻。

⑩ 最後蓋上底層的蛋糕片輕壓，放入冰箱冷凍約3小時，冷凍好即可取出倒扣脫模，再做圍邊的裝飾即可。

⑤ 將白巧克力切碎加入融化拌勻。

⑧ 取出冷凍慕斯圈，倒入約1cm的慕斯餡，放入夾層的蛋糕片，刷上酒糖液。

⑥ 加入白蘭地酒及泡軟的吉利丁拌融，待其冷卻。

⑨ 再倒入慕斯餡約1cm，鋪放水果輕壓入餡內後，再倒入慕斯餡至9分滿。

提拉米蘇

濃郁芳香的的馬士卡邦乳酪
和刷上咖啡酒糖液的香軟手指餅乾，
絕妙的搭配，綿密細緻的口感，
讓你回味不已。

① 蛋黃放入鍋中打發，加入蜂蜜、糖粉，用隔水加熱法加熱至65℃左右。

② 吉利丁片泡軟隔水融化後拌入蛋黃糖中，再加入馬士卡邦乳酪拌勻。

③ 最後加入打發鮮奶油拌勻即可。

④ 慕斯圈圍上冷卻的手指餅乾，高度低於模型1cm。

材 料 Ing.redients

蛋黃	4個
蜂蜜	70 g.
糖粉	70 g.
吉利丁片	4片
馬士卡邦乳酪	500 g.
動物性鮮奶油	500 g.

咖啡酒糖液：

咖啡粉	10 g.
咖啡酒	10 g.
細砂糖	50 g.
開水	150 g.

裝飾：

防潮可可粉	適量

手指餅乾：

全蛋	150 g.
細砂糖	150 g.
低筋麵粉	150 g.
糖粉	適量

份 量 Volume

6吋慕斯圈2個

溫度與時間 Baking

手指餅乾：

上火210℃、下火190℃
10分鐘

⑤ 底部放一片裁好的圓形餅乾，刷上咖啡酒糖液。

⑥ 倒入慕斯餡約1/2滿。

手指餅乾

⑦ 中間再放一片圓形餅乾，刷咖啡酒糖液後，倒入剩餘的慕斯餡抹平，放入冰箱冷凍後再篩上可可粉裝飾。

① 將全蛋的蛋白、蛋黃分開，蛋黃和1/2細砂糖打發，蛋白和1/2細砂糖打發，將打發的蛋黃糖和蛋白糖拌合，再加入過篩的低筋麵粉拌合。

② 將拌勻的麵糊裝入塞好花嘴的擠花袋內。

③ 以慕斯圈在烤紙上畫所需尺吋及數量後翻面。

④ 擠各式花樣麵糊在烤紙上。

⑤ 在擠好的麵糊上篩上糖粉，放入烤箱烤焙。

貼心小叮嚀 Tips

1. 如要做成杯狀或用容器裝，可不加吉利丁，口感較軟。

2. 咖啡液可用現磨或濾泡式咖啡，依個人喜好增減。

3. 烘焙店有售現成手指餅乾，可依個人需要選購。

4. 蛋黃、糖粉加熱的目的是有殺菌作用。

5. 咖啡酒糖液做法：將150g.水、50g.糖和10g.咖啡粉煮融後放涼，再加入咖啡酒拌勻即可。

加州櫻桃慕斯

鮮嫩豔紅的草莓堆砌成塔，
酸中帶甜的滋味，
搭配杏仁的芳香，
讓人垂涎三尺！

① 慕斯圈底部放上巧克力蛋糕片，刷上酒糖液，倒入櫻桃慕斯餡，中間放入修剪小一點的蛋糕片，刷上酒糖液。

② 再將原味慕斯餡倒滿模型，用抹刀抹平，放置冰箱冷凍約3小時。

材料 Ingredients

原味慕斯：

蛋黃	3個
鮮奶	250g.
細砂糖	50g.
吉利丁片	4片
動物性鮮奶油	250g.
巧克力蛋糕片	4片
鏡面果膠	適量

櫻桃慕斯：

櫻桃果泥	250g.
細砂糖	150g.
檸檬汁	20g.
吉利丁片	6片
動物性鮮奶油	350g.

份量 Volume

8吋慕斯圈2個

貼心小叮嚀 Tips

1. 組合式慕斯，由二種口味來變化色彩及口感。
2. 櫻桃果泥，可用新鮮櫻桃或糖漬櫻桃粒打泥使用。
3. 留少許果泥抹在表面上，再抹上鏡面果膠，放上櫻桃及巧克力卷裝飾即可。
4. 酒糖液做法見第85頁。
5. 巧克力片、卷做法見第31頁。

櫻桃慕斯

① 櫻桃放入果汁機內打成果泥，倒入鍋中加入細砂糖用小火加熱拌至糖融。

② 將泡軟的吉利丁片加入櫻桃果泥中拌融。

③ 待櫻桃果泥稍冷卻後加入檸檬汁及打發的鮮奶油拌合。

原味慕斯

① 鍋中放入蛋黃及細砂糖拌勻。

② 加入鮮奶拌勻，用小火煮至70℃左右，加入泡軟的吉利丁片拌融。

③ 將打發的鮮奶油加入拌勻即可。

洋梨烏龍茶慕斯

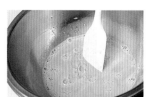

① 將鮮奶與烏龍茶煮開過濾做成奶茶。

② 蛋黃與細砂糖拌勻。

③ 奶茶及泡軟融化的吉利丁片加入蛋黃糖中拌勻後加入白巧克力拌勻。

香甜滑順的慕斯，
散發淡淡的烏龍茶香，
美味的洋梨，
更增添了慕斯的口感。

材 料 Ingredients

奶茶：

鮮奶	200g.
烏龍茶	10g.

慕斯餡：

蛋黃	50g.
細砂糖	25g.
吉利丁片	4片
白巧克力	120g.
鮮奶油	350g.
洋梨	200g.

布朗尼蛋糕：

苦甜巧克力	100g.
奶油	100g.
蛋黃	2個
細砂糖	20g.
蛋白	2個
細砂糖	60g.
碎核桃	60g.
高筋麵粉	45g.

可可粉　適量(裝飾用)

份 量 Volume

8吋方形慕斯圈1個

貼心小叮嚀 Tips

1.煮奶茶不可太久，煮至出味即可。

2.蛋糕片可用一般海綿或戚風蛋糕，但口感稍有不同。可依製作慕斯模不同選用平烤盤或圓形模來烤焙。

3.洋梨拌入慕斯餡內亦可有不同風格。

4.慕斯餡太稀時，隔冰水攪拌至稍濃稠再裝模。

④ 鮮奶油打發後分次加入已冷卻的奶茶液，隔冰水降溫。

④ 模型內放入一片蛋糕片刷上酒糖液。

⑥ 倒入1/2慕斯餡鋪上洋梨丁及一片蛋糕片，再將剩餘的慕斯倒滿抹平，最後在慕斯上均勻地篩上可可粉，擺上洋梨、櫻桃等裝飾即可。

布朗尼蛋糕

① 蛋黃、細砂糖打發後加入已融化的巧克力和奶油。

② 蛋白、細砂糖打發後加入巧克力蛋黃糊中拌合。

③ 最後加入碎核桃及高筋麵粉。

④ 倒入鋪烤紙的平烤盤，放進烤箱以190℃烤約20分鐘。

巧克力慕斯

心形的造型，
香甜的櫻桃酒，
濃醇的巧克力，
綿密細緻的口感，
最能表達情人心意。

❶ 鍋中放入切碎的巧克力，倒入已加熱的鮮奶拌融後，加入泡軟的吉利丁拌勻。

❷ 鮮奶油打發，先取1/2加入巧克力糊中拌勻。

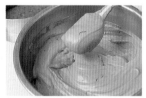

❸ 再將剩餘的鮮奶油和櫻桃酒加入拌勻。

材料 Ingredients

慕斯：

苦甜巧克力	300g.
鮮奶	100g.
吉利丁片	2片
櫻桃酒	15g.
動物性鮮奶油	500g.
蛋糕片	2片

淋醬：

苦甜巧克力	225g.
細砂糖	15g.
鮮奶	60g.
動物性鮮奶油	60g.
麥芽	20g.

份量 Volume

6吋心形慕斯圈2個

貼心小叮嚀 Tips

1. 巧克力加入熱鮮奶如未能完全融解，可再隔水融化。

2. 脱模時，也可用熱毛巾敷模邊稍融脱模。

3. 蛋糕片可用香草或巧克力口味均可。

4. 隔水加熱淋醬時，所有材料融化即可熄火，不可持續加熱至油水分離。

5. 淋醬淋於慕斯時，底部流下的多餘巧克力醬可再回收，如有雜質用篩網過篩即可。

6. 剩餘未用完的淋醬冷卻後，蓋上保鮮蓋或保鮮膜放入冰箱內保存。

④ 慕斯圈底放蛋糕片，倒入1/2的慕斯，再放入一片蛋糕片，將剩餘的慕斯倒滿抹平。

⑤ 放入冰箱冷凍至中心有點硬即可取出，以噴槍加溫使模邊融化以便脱離慕斯圈。

⑦ 淋醬作法：將淋醬的所有材料放入鍋中隔水加熱拌融即可。

⑨ 取少許白巧克力溶化加紅色素做成粉紅大理石心形巧克力片。

⑥ 在慕斯底部放一個有高度的罐頭，把慕斯圈往下推脱模。

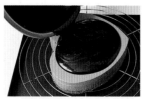

⑧ 將淋醬淋於已脱模的巧克力慕斯上。

⑩ 將心形巧克力片圍在淋面的巧克力慕斯邊，表面寫字及裝飾巧克力片即可。

Mousse

水晶御露

凝脂般的晶瑩剔透，
QQ的口感，夾著美味的御露仁，
很有日本的風味哦！

水晶御露

① 先將細砂糖和御露葛粉拌勻，倒入煮沸的水中攪拌均勻。

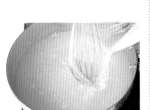

② 以直立打蛋器攪拌至糖融呈濃稠狀。

③ 趁熱倒入量杯，再倒入耐熱模型杯內約8分滿。

④ 用牙籤叉起御露仁或水果壓入御露液中，待冷卻後放入冰箱中冷藏。

⑤ 冷藏後以牙籤輕挖，空氣進入即可脫模。

Mousse

材料 Ingredients

水	800g.
細砂糖	200g.
御露葛粉	50g.
御露仁	24g.
水果	適量

份量 Volume

45cc 模型杯24個

貼心小叮嚀 Tips

1.攪拌時，請用直立打蛋器，用湯匙容易拌不勻。

2.在秤材料時，可將細砂糖和御露葛粉秤好後放在塑膠袋混合。

3.中間放的御露仁可用水果或無油豆沙餡代替。

4.中心夾餡的御露仁是用仙楂或紫蘇梅材料做成較硬Q的果凍，可在一般烘焙材料行買到。

Mousse

咖啡果凍

香醇的咖啡，洋溢著淡淡的酒香，
不甜不膩，Q滑順口，
冷藏後風味更佳。

咖啡果凍

❶ 將水煮至沸騰，加入即溶咖啡粉拌勻。

❷ 把細砂糖和吉利T粉一起乾拌後倒入煮沸的咖啡水中用打蛋器拌勻，離火。

❸ 待咖啡稍冷卻後，加咖啡酒拌勻，過濾至量杯中靜置消泡。

❹ 把咖啡糖液倒入果凍杯約8～9分滿，如果表面有有泡泡可用面紙沾起，放涼後放入冰箱內冷藏。

材 料 Ingredients

水	1,000g.
細砂糖	100g.
吉利T	23g.
咖啡粉	10g.
咖啡酒	少許

Mousse

份 量 Volume

100cc 果凍杯12杯

貼心小叮嚀 Tips

1.吉利T為植物膠，如做成水果口味，要考慮酸度，較酸的果汁，吉利T粉量要加多。

2.亦可做成茶凍或各式水果凍。

3.如因果汁太酸，無法凝結可再倒回鍋中，增加吉利T和少許糖混合加入煮至85℃即可。

起司
蛋糕類

04

輕柔綿細，
入口即化，淡淡的起司清
連怕起司味的人，
也忍不住愛上它。

Cheese

嬌豔欲滴的紅櫻桃餡，
酸甜濃郁的起司香，
豪華的組合，
讓你捨不得移開視線。

冰冰涼涼、清爽不甜，
配上鬆酥的蘇打餅乾，
風味最佳的冰凍小品。

輕乳酪蛋糕

輕柔綿細，
入口即化，淡淡的起司清香，
連怕起司味的人，
也忍不住愛上它。

① 鍋中放入奶油乳酪加入1/2的鮮奶，用隔水加熱法隔水融化乳酪並拌勻備用。

② 另取一鍋，放入蛋黃，加入1/2的煮溫鮮奶拌勻。

③ 奶油用小火煮融後加入鮮奶蛋黃中拌勻。

材 料 Ingredients	
奶油	80g.
奶油乳酪	252g.
鮮奶	252g.
蛋黃	125g.
低筋麵粉	85g.
蛋白	252g.
塔塔粉	1g.
細砂糖	150g.
鏡面果膠	少許

份 量 Volume

橢圓形乳酪蛋糕模3個

溫度與時間 Baking

230℃烤約10分鐘上色後，降溫至160℃烤60分鐘

貼心小叮嚀 Tips

1.奶油乳酪須先放室溫軟化，才好操作。

2鮮奶部分先溫熱，在加入蛋黃時才不會結粒。

3.如無塔塔粉，亦可用少許檸檬汁代替。

4.麵粉拌入時不可攪拌過久。

5.蛋白糖與麵糊拌合時，亦不可拌過久，會導致消泡、乳酪沉澱。

④ 低筋麵粉過篩後加入拌勻再將融化的乳酪糊加入拌勻。

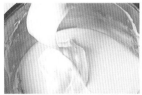

⑤ 另取一鍋，放入蛋白、塔塔粉及細砂糖，用電動攪拌器中速攪拌至濕性發泡，再分次加入麵糊中拌合。

⑦ 乳酪麵糊倒入烤模後整平，在烤盤上倒入冷水約1cm放進烤箱隔水烘烤。

⑨ 脫模後趁溫熱刷上可直接使用的鏡面果膠即成。

⑥ 烤模擦上少許油，在底部墊上烤紙，將烤模放在烤盤上。

⑧ 出爐後約3分鐘，趁熱脫模，先倒扣至蛋糕盒底，再扣回另一個蛋糕盒底，讓烘烤面朝上。

⑩ 待其冷卻後再切塊，切時刀子泡熱水再切，切一刀泡一次，才能切出漂亮的形狀。

櫻桃起司蛋糕

嬌豔欲滴的紅櫻桃餡，
酸甜濃郁的起司香，
豪華的組合，
讓你捨不得移開視線。

① 奶油乳酪放室溫軟化後，入鍋中用打蛋器打軟，加入細砂糖拌勻。

② 蛋黃、香草精分次加入乳酪糖中拌勻。

③ 將奶油融化後加入拌勻，再加入鮮奶油拌勻。

材 料 Ing.redients

奶油乳酪	400g.
細砂糖	60g.
蛋黃	60g.
香草精	5g.
奶油	30g.
鮮奶油	60g.
蛋白	100g.
細砂糖	60g.

表面：

紅櫻桃餡	300g.
檸檬汁	15g.

餅乾底：

蘇打餅乾	400g.
糖粉	60g.
奶油	120g.

份 量 Volume

8吋圓形模1個

溫度與時間 Baking

上火200℃烤15分鐘上色後轉150℃烤60分鐘、下火150℃

75分鐘

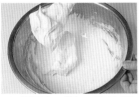

④ 另取一鍋，放入蛋白、細砂糖打發至濕性發泡後加入乳酪奶油糊中拌合。

⑤ 先倒入少許麵糊於鋪好餅乾底的模型內，鋪上紅櫻桃粒，再將其餘麵糊倒入即可送進烤箱隔水烤焙。

餅乾底做法

① 餅乾壓碎加入糖粉拌勻，再將融化的奶油倒入拌合。

② 餅乾拌至以手抓緊放開不會散開即可。

③ 烤模底部鋪上烤紙，倒入餅乾，將餅乾底壓好壓緊。

④ 取另一個小一點的圓模型放入烤模內，將餅乾屑放入間隙中壓緊紮實。

⑤ 取出內圓模即為餅乾圍邊。

貼心小叮嚀 Tips

1.紅櫻桃餡先與檸檬汁拌合才不會太甜。

2.出爐冷卻後再脫模，再將表面鋪滿櫻桃餡。

3.冷藏後食用更美味，切塊時將刀溫熱後切，較能切出漂亮的形狀。

Cheese

原味起司蛋糕

濃醇香的原味起司，
綿密滑順、入口即化的超優口感，
是喜愛起司蛋糕的朋友不可錯過的哦！

原味起司蛋糕

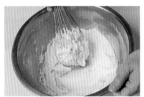

① 鍋中放入軟化的奶油乳酪打軟再加入細砂糖拌勻。

④ 將8吋固定烤模噴烤盤油，倒入少許椰子粉，讓烤模周圍沾上椰子粉。

② 再加入蛋黃及酸奶油拌勻。

⑤ 放入蛋糕片，將乳酪糖糊倒入抹平，即可送入烤箱隔水烤焙。

③ 另取一鍋，放入蛋白、糖攪拌至濕性發泡，與乳酪糖糊拌合。

材 料 Ingredients　　Cheese

奶油乳酪	300g.
酸奶油	50g.
細砂糖	20g.
蛋黃	2個
蛋白	2個
細砂糖	50g.
蛋糕片	1片
椰子粉	少許
鏡面果膠	少許

份 量 Volume
8吋圓形模1個

溫度與時間 Baking
上火200℃烤15分鐘後轉為160
℃烤60分鐘、下火100℃
約75分鐘

貼心小叮嚀 Tips
1.奶油乳酪先放於常溫軟化，可使攪拌容易而不結粒。
2.攪拌蛋白時，盡量用中速，使氣泡均勻綿細，拌入乳酪時較不會消泡，不會有大氣泡浮出影響外觀。
3.蛋糕片烤法可參考第83頁。
4.烤好出爐3分鐘後熱脫模，趁溫熱時刷上鏡面果膠。

Cheese
美國起司蛋糕

高濃度的起司，
搭上酸酸的酸奶，
天衣無縫的搭配，
加上誘人可愛的外表，
讓你不心動都難！

美國起司蛋糕

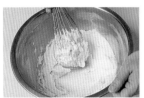

① 將置於室溫軟化的奶油乳酪放入鍋中打軟，再加入細砂糖拌勻。

② 全蛋打散分次加入乳酪糖糊中拌勻。

③ 奶油用小火煮融，慢慢加入拌勻。

④ 低筋麵粉過篩後加入拌勻成麵糊即可。

⑤ 6吋慕斯圈放在烤盤上，下面墊烤紙，並用烤紙在慕斯圈周邊圍邊，烤紙須高出模型1倍，再放入蛋糕片。

⑥ 將麵糊倒入，即可送入烤箱烤焙。

⑦ 烤好出爐時蛋糕會脹得很高，待稍冷卻後會有凹陷，是正常現象。

⑧ 在凹陷處鋪上拌勻的酸奶油，再放回烤箱烤約10分鐘，至酸奶油凝固即可。

Cheese

材料 Ing.redients

奶油乳酪	400g.
細砂糖	100g.
全蛋	130g.
奶油	120g.
低筋麵粉	8g.
酸奶油	50g.
6吋巧克力蛋糕片	1片

份量 Volume

6吋慕斯圈1個

溫度與時間 Baking

上火175℃、下火160℃
45分鐘

貼心小叮嚀 Tips

1. 酸奶油如果不易購得，可用優格菌粉自製原味不加糖的，有多餘可冷藏後拌果醬食用，營養又健康。

2. 圍邊烤紙於溫熱時脫離，較不會黏皮。

Cheese
大理石起司蛋糕

新潮的大理石紋，
濃郁的乳香及起司味，
搭配酥鬆的餅乾底，
不甜不膩，很幸福的感覺哦！

大理石起司蛋糕

❶ 鍋中放入室溫軟化的奶油乳酪打軟，加入細砂糖拌勻。

❷ 全蛋分次加入乳酪糖糊中拌勻。

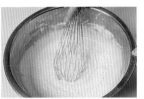

❸ 再依序加入玉米粉、香草精、酸奶油攪拌均勻。

❹ 最後慢慢倒入液態鮮奶油拌勻成乳酪麵糊。

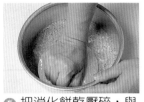

❺ 把消化餅乾壓碎，與小火煮融的奶油拌合，倒入已鋪烤紙的烤模內壓紮實。

❻ 將巧克力30g.和鮮奶油30g.放入鍋中，隔水融化，再挖些乳酪糖糊拌勻為大理石紋，裝入擠花袋內。

❼ 乳酪糖糊倒入鋪好餅乾屑的蛋糕模內，用擠花袋將大理石紋在表面畫圈，再畫成不規則的大理石紋，入烤箱隔水烤焙。

❽ 冷卻脫模後，表面刷上鏡面果膠，要切時刀子先泡熱水擦乾再切。

材料 Ing.redients

乳酪糖糊：

奶油乳酪	500g.
細砂糖	150g.
全蛋	2個
香草精	5g.
玉米粉	15g.
酸奶油	80g.
動物性鮮奶油	350g.
巧克力	30g.
鮮奶油	30g.

餅乾底：

消化餅乾	400g.
奶油（融化）	80g.
鏡面果膠	少許

Cheese

份量 Volume

8吋圓形模1個

溫度與時間 Baking

上火170℃、下火150℃
60分鐘

貼心小叮嚀 Tips

1.大理石紋路畫圈後，用筷子在線條上再畫圈，即可做出好看的效果。

2.冷卻後再脫模，底部餅乾較不會破。

3.如冷卻後底部吸住不易脫模，可在模底稍加熱即可脫離。

4.切起司蛋糕均需以熱刀切，切口才平整。

5.大理石紋可用巧克力醬加少許麵糊拌勻替代；也可以用咖啡液加麵糊拌勻使用。

Cheese

黑莓起司蛋糕

黑莓的高纖、酸甜，
搭配濃郁的起司，真是夠味，
脆脆的麥片做成的餅皮，
健康新概念哦！

黑莓起司蛋糕

① 黑莓去籽切碎,加入梅子酒浸泡隔夜備用。

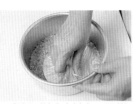

④ 倒入餅皮材料,用塑膠袋包派盤底壓紮實,放入烤箱以180℃烤10分鐘。

② 餅皮做法:將烤香的麥片放入鍋中,加入蜂蜜、融化奶油拌勻。

⑤ 鍋中放入室溫軟化的奶油乳酪和酸奶油打軟,再加入細砂糖及蜂蜜打勻。

③ 烤模噴上烤盤油,再鋪上裁好之烤紙。

⑥ 全蛋分次加入拌勻,最後加入泡軟的黑莓拌合,倒入烤模內送進烤箱隔水烤焙。

材料 Ing.redients　　Cheese

黑莓	250g.
梅子酒	30g.
奶油乳酪	500g.
細砂糖	60g.
蜂蜜	35g.
全蛋	100g.
酸奶油	100g.
麥片	100g.
蜂蜜	50g.
奶油	40g.
裝飾用鏡面果膠	適量
裝飾用黑莓、新鮮草莓	適量

份量 Volume
8吋圓形模1個

溫度與時間 Baking
上火170℃、下火150℃
50～60分鐘

貼心小叮嚀 Tips
1.麥片用即溶麥片,烤後較不硬。
2.冷卻脫模後,在表面抹上鏡面果膠,裝飾黑莓及時令水果搭配顏色即可。

Cheese

薄荷起司蛋糕

清爽的外觀,涼涼的薄荷,
給你一股透心涼的感覺,
讓你享用起司蛋糕的另類風格。

薄荷起司蛋糕

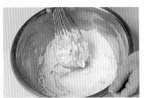

① 鍋中放入室溫軟化的奶油乳酪拌軟，加入細砂糖拌勻。

② 全蛋分次加入乳酪糖糊中拌勻。

③ 加入鮮奶油拌勻。

④ 將薄荷醬加入乳酪糖糊中拌勻，倒入鋪有巧克力蛋糕片的烤模送進烤箱隔水烘烤。

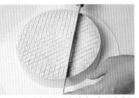

⑤ 出爐後待其冷卻脫模，表面篩上防潮糖粉，以平的西點刀輕壓出線條，再放上幾片洗淨擦乾的薄荷葉片裝飾即可。

材料 Ingredients

薄荷起司：

奶油乳酪	500g.
細砂糖	90g.
全蛋	150g.
鮮奶油	50g.
薄荷濃縮醬	40g.

巧克力蛋糕：

蛋黃	120g.
細砂糖	100g.
蛋白	120g.
細砂糖	25g.
低筋麵粉	60g.
可可粉	30g.
奶油	60g.
裝飾用防潮糖粉	適量

份量 Volume

8吋圓形模1個

溫度與時間 Baking

上火170℃、下火150℃
60分鐘

Cheese

貼心小叮嚀 Tips

1. 做巧克力蛋糕時，奶油先與部分麵糊拌勻再倒入麵糊中，較不會消泡。

2. 有多餘的巧克力蛋糕片，可用塑膠袋包起冷凍保存，隨時取用。

3. 你可以將薄荷口味變化成其他口味的濃縮醬，製成各式適合起司口味的蛋糕。

巧克力蛋糕做法

① 鍋內放入蛋黃及100g.細砂糖打發；另取一鍋，放入蛋白及25g.細砂糖打發，將蛋黃糖和蛋白糖拌合。

② 低筋麵粉和可可粉過篩後加入拌合。

③ 奶油融化後加入拌勻，倒入8吋的烤模內送進烤箱以175℃烤30分鐘，烤好後待其冷卻脫模，切片備用。

Cheese

巧克力起司蛋糕

香醇濃郁的巧克力香，
讓綿密的起司蛋糕更順口，
柔軟細緻的口感，
讓人忍不住再來一塊。

巧克力起司蛋糕

① 8吋蛋糕模噴上烤盤油，鋪上裁好的烤紙。

④ 蛋黃加入拌勻，再加入酸奶油及玉米粉拌勻。

② 放入巧克力蛋糕片備用。

⑤ 另取一鍋放入蛋白、70g.細砂糖打至濕性發泡，與乳酪糖糊拌合。

③ 奶油乳酪放室溫軟化後加入50g.細砂糖拌勻。

⑥ 把巧克力隔水融化，取一些糖糊拌合，再倒回乳酪糖糊中拌勻，即送進烤箱隔水烤焙。

材料 Ingredients

Cheese

奶油乳酪	350g.
細砂糖	50 g.
蛋黃	3個
酸奶油	50 g.
玉米粉	15 g.
苦甜巧克力	80 g.
蛋白	3個
細砂糖	70 g.
巧克力蛋糕片	1片

份 量 Volume
8吋圓形模1個

溫度與時間 Baking
上火 170℃、下火 150℃
70分鐘

貼心小叮嚀 Tips
1.蛋糕噴烤盤油，也可用白油、奶油代替，但不可用沙拉油，因用沙拉油會沾黏。
2.常用的鋪底烤紙可一次多裁一些，方便下次使用。
3.酸奶油可用原味優格代替，砂糖減少，或自製優格最好。

Cheese

低脂茅屋起司派

冰冰涼涼、清爽不甜，
配上鬆酥的蘇打餅乾，
風味最佳的冰凍小品。

低脂茅屋起司派

① 鍋中放入蛋黃及細砂糖拌勻後，加入鮮奶隔水加熱至70℃左右。

② 加入奶油乳酪一起隔水融化。

③ 吉利丁片用水泡軟後加入拌融。

④ 加入低脂乳酪後拌勻，隔冰水將乳酪糊降溫至稍呈濃稠狀。

⑤ 將細砂糖和水煮至115℃，慢慢倒入打起泡的蛋白裡打至濕性發泡，再與乳酪糊拌合。

⑥ 鮮奶油打發加入拌合的乳酪糖糊中拌勻，倒入派盤內，上面均勻撒滿餅乾屑，冷藏約3小時。

材料 Ingredients

餅乾底：

蘇打餅乾	250g.
奶油	70g.

芝士餡：

細砂糖	30g.
蛋黃	3個
鮮奶	100g.
奶油乳酪	100g.
低酯乳酪	200g.
鮮奶油（打發）	200g.
吉利丁片	7片
細砂糖	50g.
水	20g.
蛋白	3個

份量 Volume

2.5cm高的8吋派盤2個

貼心小叮嚀 Tips

1.派盤可用斜邊或直角3cm的模型。
2.低脂乳酪為顆粒狀，不需刻意攪碎。
3.蛋白糖亦可直接打發拌入，不需先將糖、水煮至115℃，但賞味期限較短。

餅乾底做法

① 鍋中放入壓碎的蘇打餅乾，加入融化的奶油拌勻。

② 把拌好的碎餅乾鋪於派盤內，用一個較小的模型將盤底及模邊的餅乾壓紮實，放入冰箱冷凍約20分鐘備用。

Cheese

紅茶藍莓起司蛋糕

藍莓養眼,紅茶香,
只要鋪上藍莓餡,就是最美的裝飾,
口中滿溢起司香外,
還有淡淡的紅茶香。

紅茶藍莓起司蛋糕

① 鍋中放入室溫軟化的奶油乳酪打軟，加入細砂糖拌勻。

② 加入蛋黃及酸奶油拌勻。

③ 紅茶包泡100g.熱開水至出味，加入乳酪糊中拌勻。（也可加入少許紅茶葉增加口感。）

④ 取一鍋，放入蛋白、細砂糖打至濕性發泡，與乳酪糊拌合。

⑤ 將8吋固定烤模噴烤盤油，底部鋪上油紙，倒入少許椰子粉，讓烤模周邊均勻沾上。

⑥ 將蛋糕片放入烤模，先倒入1/2乳酪糊放入適量藍莓餡，再倒入剩餘麵糊，進烤箱隔水烤焙。

⑦ 出爐冷卻後脫模，在表面鋪上藍莓餡，再以鮮奶油擠花圍邊。

Cheese

材 料 Ing.redients

材料	份量
奶油乳酪	350g.
酸奶油	50g.
細砂糖	20g.
蛋黃	2個
蛋白	2個
細砂糖	50g.
紅茶包	1包
藍莓餡	300g.
蛋糕片	1片
椰子粉	適量
打發鮮奶油	適量

份 量 Volume

8吋圓形模1個

溫度與時間 Baking

上火200℃、下火100℃
70～80分鐘

貼心小叮嚀 Tips

1.也可將泡過的紅茶粒加入少許，增加口感。

2.奶油乳酪先在室溫軟化，較好拌勻。

3.整顆粒或碎顆粒的藍莓餡味道都相同，但用整顆粒的價值感較高。

中點類

05

多層次酥皮加上軟Q的P
外酥內軟，
多吃幾個才過癮。

Dim Sum

咬一口白白胖胖的餅，
綿細的綠豆沙中
散發酥香的肉餡，
讓你齒頰留香。

討喜的金黃圓潤外形，
加上甜甜鹹鹹的內餡，
是中秋團圓賞月的
最佳點心。

港式老婆餅

多層次酥皮加上軟Q的內餡，
外酥內軟，
多吃幾個才過癮。

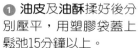

❶ **油皮**及**油酥**揉好後分別壓平，用塑膠袋蓋上鬆弛15分鐘以上。

❷ 將油皮分割每個重22g.；油酥切成每個重18g.；把油皮壓平，中間放入油酥後包起。

❸ 把包入油酥的油皮接口朝上放置，用擀麵棍稍微壓平擀開成12cm左右的長橢圓形。

❹ 以手掌輕捲麵皮，約捲成一圈半。

❺ 再一次擀長麵皮，捲起約二圈半，放置鬆弛約15分鐘以上。

❻ 鬆弛好的麵皮用擀麵棍輕輕壓平，擀開成圓形狀即可包餡。

❼ 將**糖餡**包入擀開的麵皮內，用虎口將麵皮捏緊。

❽ 包好糖餡的餅收口處朝下，用擀麵棍輕輕擀成圓扁平狀，表面刷上蛋黃液，即可入烤箱。

材 料 Ingredients

油皮：		糖餡：	
細砂糖	112g.	細砂糖	600g.
豬油	188 g.	糕粉	300g.
水	225g.	奶油	188g.
轉化糖漿	30g.	水	225g.
低筋麵粉	600g.		
油酥：		蛋黃液	少許
低筋麵粉	600g.		
豬油	300g.		

份 量 Volume

48個

溫度與時間 Baking

上火200℃、下火210℃
15～20分鐘

油酥做法

① 麵粉圍成粉牆，將豬油放在粉牆中，和麵粉拌揉均勻。

② 可用刮板邊刮起邊揉成糰。

③ 揉成糰的油酥軟硬度應與揉成糰的油皮軟硬度相同。

油皮做法

① 麵粉圍成粉牆，將細砂糖、豬油、水、轉化糖漿放入粉牆內拌勻。

② 全部的材料揉成光滑不沾手的麵糰。

糖餡做法

① 糕粉圍成粉牆，中間放入細砂糖及奶油拌勻後再加入水一起拌勻。

② 全部材料揉成糰後，分切成每個重25g.的小糰。

貼心小叮嚀 Tips

1.麵皮每擀過一次，最好放置鬆弛10分鐘以上，筋性才不會太強，較好操作。

2.吃素的人，可用酥油代替豬油。

3.糕粉即是熟糯米粉，一般材料行有售。

4.轉化糖漿有保濕及著色作用。

蛋黃酥

討喜的金黃圓潤外形，
加上甜甜鹹鹹的內餡，
是中秋團圓賞月的
最佳點心。

蛋黃酥

① 油皮及油酥揉好後分別壓平，用塑膠袋蓋上鬆弛15分鐘以上（油皮油酥做法詳見第127頁）。

② 將油皮分切成每個重18g.；油酥切成每個重15g.；把油皮壓平，中間放入油酥後包起。

③ 把包入油酥的油皮接口朝上放置，用擀麵棍稍微壓平擀開成12cm左右的長橢圓形。

④ 以手掌輕捲麵皮，約捲成一圈半。

⑤ 再一次擀長麵皮，捲起約2圈半，放置醒約15分鐘以上。

⑥ 醒好的麵皮用擀麵棍輕輕壓平，擀開成圓形狀即可包餡。

⑦ 將豆沙餡切割成每個重25g.，放在擀好的麵皮上，再放入蛋黃，用虎口將麵皮包緊。

⑧ 包好的麵糰稍微整圓後將收口處向下，放置鬆弛約10分鐘，再刷上蛋黃液兩次。

⑨ 上面撒上黑芝麻裝飾，即可送入烤箱烤焙。

材料 Ingredients

油皮：

細砂糖	112g.
豬油	188g.
糖漿	30g.
水	225g.
低筋麵粉	600g.

油酥：

低筋麵粉	600g.
豬油	300g.

肉餡：

烏豆沙	1500g.
鹹蛋黃	30個

蛋黃液	適量
黑芝麻	適量

份量 Volume

60個

溫度與時間 Baking

上火200℃、下火200℃
烤20～25分鐘

貼心小叮嚀 Tips

1. 豬油也可用酥油（無水奶油）代替。

2. 蛋黃的處理：蛋黃拌些鹽，用180℃烤至蛋黃底部冒小油泡後取出，噴上米酒，放冷卻切半備用。

3. 豆沙餡的口味很多，可依個人喜好至材料行選購。

4. 油皮的低筋麵粉也可用中筋麵粉代替，但吃時較會掉皮。

綠豆凸

咬一口白白胖胖的餅，
綿細的綠豆沙中散發酥香的肉餡，
讓你齒頰留香。

材料 Ingredients

油皮：

中筋麵粉	300g.
糖粉	12g.
豬油	90g.
白油	30g.
水	120g.

油酥：

低筋麵粉	210g.
豬油	100g.
綠豆沙餡	1,000g.

肉餡：

絞碎豬肉	200g.
油蔥酥	90g.
白芝麻	30g.
鹽	適量
咖哩粉	選用
黑胡椒粉	選用

份量 Volume

20個

溫度與時間 Baking

上火170℃、下火180℃
20～25分鐘

貼心小叮嚀 Tips

1.肉餡的調味依個人喜好，可用原味，或添加咖哩粉，成咖哩口味，或用黑胡椒粉做成黑胡椒口味等。

2.白芝麻可先裝入塑膠袋內，用擀麵棍壓碎，再放入拌炒，會較香。

3.素食的人，可用酥油或白油代替豬油；肉餡部分可改用素肉鬆。

❶ 油皮、油酥做法見第127頁。將做好的油皮分割成每個重25g.的小糰；油酥分割成每個重15g.的小糰，將油酥包入油皮內，依第126頁的做法，擀摺2次，鬆弛15分鐘以上備用。

❷ 鍋內放入少許沙拉油，倒入絞肉炒至肉變色。

❸ 加入油蔥酥和白芝麻拌炒均勻，再加入鹽及其他調味料炒香即可起鍋，放冷卻備用。

❹ 綠豆沙搓勻成綿細狀，再分割成每個重40g.的小糰。

❺ 將綠豆沙稍壓平，放入15g.的肉餡，用虎口將綠豆沙收緊。

❻ 用擀麵棍把擀摺二次的麵皮擀開成圓形。

❼ 綠豆沙肉餡放入擀好的麵皮中，將麵皮收緊。

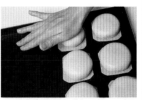

❽ 把包好的餅，收口朝下放在裁好的油紙上，以手掌壓平。

❾ 在餅的表面中間處蓋上紅色素印裝飾，即可放進烤箱烤焙。

芋頭酥

紫白相間小巧討喜的造型，
瀰漫空氣中淡淡的芋香，
鬆軟香酥的口感，茶點的人氣王！

❶ 油皮切成每個重40g.
的小糰，油酥切成每個
重24g.的小糰；把油皮
稍壓平，油酥放入油皮
內包起，用虎口將油皮
包緊。

❷ 用擀麵棍把包好的麵
糰擀捲2次，鬆弛約15分
鐘。

❸ 捲起的麵皮用刀子對
切成兩個。

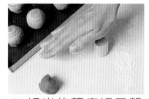

❹ 切半的麵皮切口朝
上，用手沾粉將麵皮壓
平。

材 料 Ingredients		內餡：		份 量 Volume
油皮：		熟芋頭泥	600g.	32個
中筋麵粉	300g.	細砂糖	80g.	
糖粉	75g.	奶油	40g.	**溫度與時間** Baking
奶油	114g.	芋頭香料	適量	上火170℃、下火190℃
水	165g.	白豆沙	180g.	20～22分鐘
油酥：		鹹蛋黃	選用	
低筋麵粉	260 g.			
奶油	80 g.			
豬油	50 g.			
芋頭香料	適量			

⑤ 把壓平的麵皮切口處朝下，中間放入30g.芋頭餡，將麵皮收緊，放入烤箱烤焙。

芋頭餡做法

① 將芋頭切塊蒸熟，用攪拌器拌細再加入細砂糖、奶油、白豆沙及少許芋頭香料，攪拌均勻，即可放涼備用。

油酥做法

① 低筋麵粉圍成粉牆，放入奶油、豬油拌勻成糰。

② 加入幾滴芋頭香料，用刮刀邊刮起邊拌勻，放置鬆弛15分鐘以上。

油皮做法

① 麵粉圍成粉牆，中間放入糖粉、奶油拌勻後再加入水拌勻。

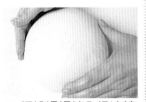

② 麵粉慢慢拌入奶油糖粉中，揉至光滑，放置鬆弛15分鐘以上。

貼心小叮嚀 Tips

1.芋頭餡保存不易，不要一次做太多。

2.可至材料行買專業製造的現成芋頭泥，較方便，又好吃。

3.芋頭餡內亦可包入烤香的鹹蛋黃，更添風味。（鹹蛋黃烤法詳見第129頁）

膨餅

白白膨膨的酥餅，
令人懷念的古早味，
沖上一碗花生湯，滋味一級棒！

① 把油皮稍壓平，放入
油酥包起。

② 用擀麵棍把包好的麵
糰擀平後捲起，放置鬆
弛約60分鐘。

③ 將鬆弛後的麵糰對分
成兩個。

④ 切半的麵糰稍壓平
後，包入糖餡收緊，將
收口朝下，用擀麵棍擀
平成約13cm的薄圓片，
送入烤箱烤焙。

材 料 Ingredients

油皮：

高筋麵粉	200g.
糖粉	40g.
酥油	60g.
水（奶水）	100g.

油酥：

低筋麵粉	550g.
酥油	200g.

糖餡：

油酥	450g.
糖粉	200g.
阿摩尼亞	5g.
泡打粉	3g.

份 量 Volume

20個

溫度與時間 Baking

上火180℃、下火220℃
10～13分鐘

貼心小叮嚀 Tips

1.油皮以奶水來調整油皮麵糰的軟硬度。

2.油酥以低筋麵粉來調整油酥麵糰的軟硬度，油皮及油酥的軟硬度要相同。

3.糖餡的多寡可依個人的喜好調整，20～30g.皆可。

4.麵皮每次擀捲過，最好能鬆弛10分鐘以上，做出的餅較不會縮及破酥。

油皮

① 高筋麵粉圍成粉牆，中間放入糖粉、酥油拌勻，再分次加入奶水拌勻。

② 麵粉和酥油糖粉拌成麵糰，將麵糰揉至光滑，再分切成每個重40g.的小糰。

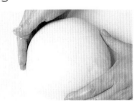

油酥

① 低筋麵粉和酥油拌勻成光滑麵糰，再分切成每個重30g.的小糰。

糖餡

① 糖粉、阿摩尼亞和泡打粉過篩後加入油酥攪拌均勻，再分切成每個重30g.的糖餡小糰。

咖哩餃

充滿南洋風的美味咖哩，
配上多層次口感的酥香外皮，
冷熱都好吃的絕佳點心。

① 鍋內加少許油炒香洋蔥，放入絞肉拌炒至肉變色。

② 加入鹽、細砂糖及咖哩粉調味，再加入麵包丁拌炒均勻，最後將玉米粉和水調勻後倒入勾芡，收乾湯汁。

③ 揉好的油皮麵糰分切成每個重18g.，油酥麵糰分切成每個12g.；油皮稍壓平，放入油酥包起。

④ 將包好的麵糰用擀麵棍擀捲2次，放置鬆弛15分鐘，再擀開成橢圓形。

⑤ 擀開的麵皮內放入25g.冷卻的肉餡，用手指將麵皮捏合。

⑥ 用手指把邊緣的麵皮捏扁後摺起，重覆此動作將咖哩餃整型完成。

⑦ 整型好的咖哩餃排在烤盤上，刷上蛋黃液兩次，再撒上黑芝麻裝飾，送進烤箱烤焙。

咖哩餃

Dim Sum

材 料 Ingredients

油皮：

細砂糖	30g.
豬油	120g.
水	120g.
鹽	3g.
中筋麵粉	300g.

油酥：

低筋麵粉	255g.
豬油	129g.

肉餡：

洋蔥丁	160g.
絞肉	400g.
細砂糖	4g.
鹽	4g.
咖哩粉	12g.
水	80g.
玉米粉	8g.
麵包丁	80g.
蛋黃液	適量
黑芝麻	適量

份 量 Volume
30個

溫度與時間 Baking
上火200℃、下火210℃
20～25分鐘

貼心小叮嚀 Tips
1.麵包丁即為白吐司切成小丁，可將肉餡內的油脂及湯汁附著，可使吃時較濕軟不油膩。

2.咖哩餃的紋路以捏摺、捏摺方式完成，只要多練習，你也可以做得很漂亮哦！

3.油酥、油皮的擀摺可詳見第127頁。

鳳梨酥

吃一口散發淡淡奶香的鬆軟奶酥皮，
夾著清甜爽口的鳳梨醬，
美味不黏牙，
連外國朋友都愛吃哦！

❶ 將軟化的奶油放入鍋中打軟，加入糖粉、鹽打發，再分次加入蛋黃和全蛋拌勻。

❷ 奶粉和低筋麵粉過篩後加入攪拌均勻。

❺ 把奶酥皮稍壓平，放入鳳梨醬，用虎口將奶酥皮收緊。

❻ 把包好餡的奶酥皮搓成橢圓形，以直立方式一口氣將奶酥皮壓入鳳梨酥模內，即可將鳳梨酥排入不沾烤盤，送進烤箱烤焙。

❼ 烤至底面上色，約10分鐘，用另一個不沾烤盤蓋上，將鳳梨酥全部倒扣翻面，再烤至兩面金黃色即可。

❸ 將拌好的奶酥皮取出壓平，用塑膠袋包起，放置冰箱冷箱鬆弛約15分鐘，再分割成每個重27g.的小糰。

❹ 鳳梨醬分割成每個重約23g.。

材料 Ingredients

奶油	160g.
糖粉	100g.
鹽	2g.
全蛋	60g.
蛋黃	1個
奶粉	30g.
低筋麵粉	300g.
鳳梨醬	600g.

份量 Volume

正方形24個

溫度與時間 Baking

上火160℃、下火210℃
20分鐘

貼心小叮嚀 Tips

1.奶油糖粉攪拌時，攪打得越白，餅皮越鬆軟。

2.要吃鬆軟口感，除了要打發外，也可以多加一個蛋黃進去拌合。

3.糖粉在加入前最好用篩子先過篩，較無雜質或結粒。

4.所用的鳳梨醬一般為材料行選購現成的，自製的較不方便。

鳳梨酥

桃酥餅

香脆酥鬆的口感，
核桃香味滿溢味覺，
讓人百吃不厭。

桃酥餅

① 鍋中放入全蛋、細砂糖、蘇打粉、阿摩尼亞和轉化糖漿拌勻。

② 酥油加入拌勻後加入過篩的低筋麵粉及泡打粉拌合，將拌合好的麵糰取出，分割成每個重40g.的小麵糰。

③ 將每個小麵糰搓成圓球狀，放在不沾烤盤上，用指頭在中間插一個凹洞，在凹洞上放入核桃後輕壓，避免烤好後核桃掉落，即可送進烤箱烤焙。

材 料 Ingredients

全蛋	60g.
細砂糖	300g.
蘇打粉	6g.
阿摩尼亞	2g.
轉化糖漿	20g.
酥（豬）油	300g.
低筋麵粉	600g.
泡打粉	3g.
核桃仁	適量

份 量 Volume

30個

溫度與時間 Baking

上火180℃、下火150℃
約20分鐘

貼心小叮嚀 Tips

1.在拌合麵糰時，也可拌入切碎的核桃，可讓餅更香、更脆。

2.烤焙時會有阿摩尼亞的味道，但遇熱會揮發，冷卻後就不會有味道殘留。

3.轉化糖漿可幫助產品著色漂亮。

4.攪拌時細砂糖沒有完全融化，是正常現象，不必刻意搓揉。

Dim Sum

滷肉豆沙餅

香甜的綠豆沙，
包覆著古早味的油蔥滷肉，
在香酥的外皮內，
帶給你層層的驚奇哦！

滷肉豆沙餅

❶ 蝦米用少許油爆香後撈起，鍋內剩下的油炒香絞肉。

❷ 加入醬油、米酒、水、鹽及切碎的冬瓜條滷約15分鐘，讓鍋內還留點湯汁。

❸ 加入白芝麻、油蔥酥、五香粉、胡椒粉，拌炒均勻後收乾湯汁，起鍋放冷備用。

❹ 油皮、油酥製作好後，將油皮分成每個重約30g.，油酥每個重約25g.，把油皮稍壓平，包入油酥後，擀摺2次，放置鬆弛15分鐘。

❺ 用擀麵棍把鬆弛的麵皮擀開成圓形。

❻ 將綠豆沙分割成每個重約45g.後，壓平放在擀開的麵皮上，再放入25g.的肉餡，將麵皮收緊。

❼ 把包好內餡的餅放入直徑約8cm的餅模內，壓平整形與餅模的大小相同。

❽ 將餅排入不沾烤盤內，用筷子沾紅色素印在餅的表面上做為裝飾，送進烤箱烤焙。

材 料 Ingredients

油皮：	
中筋麵粉	300g.
酥油	110g.
糖粉	50g.
奶粉	20g.
水	135g.
油酥：	
低筋麵粉	330g.
酥油	170g.
肉餡：	
絞肉（後腿）	300g.
醬油	60g.
米酒	10g.
水	少許
鹽	少許
冬瓜條（切碎）	95g.
白芝麻（烤過）	20g.
油蔥酥	20g.
五香粉	5g.
胡椒粉	3g.
豆沙餡：	
綠豆沙	900g.
奶粉	90g.
鹽	少許
沙拉油	少許
蝦米	25g.

份 量 Volume

20個

溫度與時間 Baking

上火170℃、下火170℃
25～30分鐘

貼心小叮嚀 Tips

1.將綠豆沙、奶粉和鹽揉勻，即成豆沙餡。

2.綠豆沙可至材料行買現成的，便宜又方便。

3.真空包裝的綠豆沙開封後，不好保存，應儘快用完，或放入冷凍保存。

4.白芝麻先用180℃的烤箱烤至金黃，待冷卻後壓破，香味才會散發出來。

5.滷肉餅可依比例做成禮餅大小，切塊食用。

6.蝦米的功用在於增加香味，所以爆香後即可撈出不要。

草莓米麻糬

雪白的米麻糬，
包裹著紅豆的香，草莓的酸甜，
白裡透紅的造型，
讓你忍不住就想咬一口。

草莓糯糬

① 鍋中放入元宵粉，加水揉成麵糰。

② 細砂糖分次加入麵糰中揉勻。

③ 將麵糰拌成米糊狀。

④ 蒸籠鋪上沾濕的紗布，將米糊倒入，用大火蒸約20分鐘。

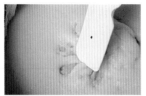

⑤ 將米糊蒸至撥開無米漿的白色即可。

⑥ 把蒸好的糯糬皮取出用攪拌器拌至軟Q（用糖漿調整軟Q度）。

⑦ 拌好的糯糬挖適量放在太白粉上，摺成長條狀再分小塊。

⑧ 把小塊的糯糬壓平，包入紅豆餡，再放入草莓，將糯糬皮收緊即可。

材 料 Ingredients

糯糬皮：

元宵粉	300g.
細砂糖	250g.
水	280g.
轉化糖漿	50g.

調餡：

白麥芽	150g.
水	75g.
吉利T	5g.
紅豆粒餡	750g.

新鮮草莓30粒（小粒）

份 量 Volume

25～30個

貼心小叮嚀 Tips

1.整糰的糯糬攪好放在太白粉上，摺成長條時，摺起處不可沾到太白粉。

2.要趁糯糬溫熱時即包餡，冷卻後較Q不好包。

3.自煮紅豆餡時，可用調餡材料調整軟硬度及甜度。

4.調餡材料：冷水加吉利T拌勻，加入白麥芽煮沸即可，剩餘沒用完的可放冷凍室保存。

奶油酥餅

層層分明的麵皮、
清清甜甜的糖餡，愈嚼愈有味！

① 白糖、水及麥芽煮至
114℃的糖漿冷卻至80℃
備用。

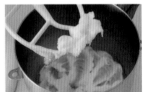

② 糖漿先以槳狀攪拌器
拌勻成雪白狀，再加30g
礦泉水拌勻即成翻糖。

③ 加入無水奶油、低筋
麵粉、奶粉及鹽等全部
材料一起拌成糰即成糖
餡。

材 料 Ingredients	翻餡：	份 量 Volume
油皮：	翻糖（白糖200g.、水	15個
中筋麵粉　　　120g.	50g.、麥芽50g.）	
低筋麵粉　　　85g.	無水奶油　　　60g.	**溫度與時間** Baking
糖粉　　　　　95g.	低筋麵粉　　　115g.	上火 210℃、下火 200℃
水　　　　　　95g.	奶粉　　　　　10g.	20～25分鐘
無水奶油　　　50g.	鹽　　　　　　1g.	
鹽　　　　　　2g.		
奶油香料　　　3g.	油酥：	
	低筋麵粉250g.	
	無水奶油100g.	

油皮做法

① 將中筋麵粉、低筋麵粉、糖粉、水、無水奶油、鹽及奶油香料攪拌至光滑不沾缸的麵糰。

② 放置常溫蓋塑膠布鬆弛20分鐘。

油酥做法

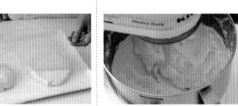

① 低筋麵粉及無水奶油拌勻成光滑麵糰。

② 蓋上塑膠布，以防乾皮，鬆弛20分鐘即成油酥。

① 將油皮分割每個重25g.；油酥分割成每個重23g.；糖餡分割成每個重27g.。

② 把油皮稍壓平，中間包入油酥後擀平成麵皮。

③ 將糖餡包入擀開的麵皮內，用虎口將麵皮捏緊，用擀麵棍擀成圓形扁平狀，收口朝上排置於烤盤，放進烤箱烤焙。

貼心小叮嚀 Tips

1.糖漿用機器攪拌時，要趁溫熱時攪拌降溫，再攪拌成白色翻糖。

2.水可隨翻糖軟硬度做適當調整，翻糖較硬時可多加點水，太軟時則可減少水分。

3.入爐前，在餅皮中間用切刀插兩個透氣孔，可幫助奶油酥餅培烤的更成功。

Cakes

銅鑼燒

豐潤的紅豆餡盈滿口腔，
香香甜甜的滋味撫慰疲憊的味蕾，
這是哆拉A夢的最愛，
也是我的最愛！

銅鑼燒

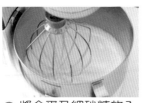

① 將全蛋及細砂糖放入鍋中，用攪拌機快速攪拌至呈乳白色。改中速再攪拌至呈細緻綿密狀。

② 加入蜂蜜及香草豆莢醬拌勻，奶水及沙拉油加溫至40℃倒入麵糊拌勻。

③ 低筋麵粉、小蘇打及泡打粉過篩後加入拌勻成麵糊。

④ 平底鍋加熱，倒入適量麵糊兩面煎熟成黃褐色餅皮（看到大泡泡即可翻面）。

材 料 Ingredients

全蛋	250g.
細砂糖	220g.
蜂蜜	30g.
香草豆莢醬	3g.
低筋麵粉	330g.
小蘇打粉	3g.
泡打粉	6g.
奶水	90g.
沙拉油	90g.
紅豆餡	600g.

份 量 Volume

18個

溫度與時間 Baking

170℃

貼心小叮嚀 Tips

1.市售紅豆餡如口感稍硬時，可加入自製果凍（水300g.、果凍粉10g.、細砂糖30g.）乾拌，再加沸水中拌勻，冷卻結凍後，即可與紅豆餡調整軟硬度。

2.市面上紅豆餡要買無油的紅豆沙餡，非烏豆沙喔。

3.可用插電定溫的平煎盤來煎，煎出來的口感更好。

Cakes

⑤ 將煎好的餅皮抹上市售紅豆餡，再將另一片餅皮蓋上，趁熱以烙印鋼模在餅皮烙印出圖案即可。

Cakes

桂圓核桃蛋糕

鬆軟的蛋糕裡，包藏著繽紛的餡料，
有香甜的桂圓、豐美的紅棗，
以及爽脆脆的核桃丁。

桂圓核桃蛋糕

① 養樂多、紅棗丁及桂圓放入鍋中,以小火煮沸,熄火後,泡約10分鐘讓桂圓軟Q。

② 利用鍋子餘熱,加入奶油溶化拌勻,稍冷卻後加入小蘇打拌勻備用。

③ 全蛋及紅糖以球狀攪拌器打發呈濃稠狀。

材 料 Ingredients

養樂多	250g.
紅棗丁	50g.
桂圓肉	100g.
奶油	220g.
全蛋	300g.
紅糖	185g.
低筋麵粉	300g.
泡打粉	4g.
小蘇打	3g.
核桃仁	150g.

份 量 Volume

80g 的哈雷紙杯16個

溫度與時間 Baking

上火170℃、下火180℃
25～30分鐘

Cakes

貼心小叮嚀 Tips

1.可用一般紅棗去籽再切成小丁狀,桂圓肉可先剝散成小塊狀。

2.加入粉類時,拌合即可,不可攪拌太久,以免造成蛋糕塌陷。

3.核桃撒在中間部分即可,因膨脹時,就會自然往旁邊散開。

4.杏桃果膠與熱開水1:1煮溶,再刷在蛋糕表面,會更有賣相。

④ 加入過篩之低筋麵粉及泡打粉拌勻。

⑤ 加入煮好的桂圓拌勻即可裝模。表面撒上核桃,即可入烤箱烤培。

Cakes
蘋果杯子蛋糕

被果漿包覆的蘋果片，
和香軟的蛋糕譜出絕妙的口感，
每一口都是甜蜜的滋味。

蘋果杯子蛋糕

蘋果處理

② 全蛋分次加入拌勻。

① 蘋果去皮、去果芯切小丁，置鍋中，加細砂糖及檸檬汁以小火煮至變軟，湯汁收乾冷卻備用。

③ 低筋麵粉、泡打粉及杏仁粉過篩加入拌勻。

蛋糕做法

④ 加入鮮奶拌勻，拌入冷卻後的蘋果丁即可裝模。

① 奶油軟化後以攪拌機打軟，加糖粉打發變乳白。

⑤ 每個蛋糕表面裝飾切片蘋果，即可放進烤箱烤焙。

材 料 Ingredients

Cakes

蘋果處理：

蘋果（小）	2個
細砂糖	30g.
檸檬汁（半個）	15c.c.

蛋糕：

奶油	150g.
糖粉	120g.
全蛋	200g.
低筋麵粉	200g.
泡打粉	4g.
杏仁粉	50g.
鮮奶	50g.
切片蘋果	適量

（鍋中放入糖50g、水400g，以小火煮成糖水後，將蘋果2個切薄片放進糖水煮至透明取出沖涼）

份 量 Volume

12個

溫度與時間 Baking

上火180℃、下火180℃
20～25分鐘

貼心小叮嚀 Tips

1. 蘋果丁如要口感脆脆的，可加少許檸檬汁拌合，就能保有鮮脆口感。

2. 蘋果直接切丁，泡鹽水後濾乾亦可。

3. 將杏桃果膠與熱開水1:1煮溶成光亮稠狀，在蛋糕出爐冷卻後，刷於蛋糕表面，能增加保濕及亮度。

黃金香草 戚風蛋糕

蛋糕鬆軟、草莓香甜，
還有輕盈綿密的奶油醬在舌尖迴轉，
給味蕾無限的驚喜！

① 鮮奶、水放入鍋中加熱至60℃，再放入奶油加熱約至70～80℃離火。

② 玉米粉與低筋麵粉過篩後，加入拌勻。

③ 加入蛋黃後，以攪拌機拌勻成光滑狀的麵糊。

④ 另取一鍋，以攪拌機將蛋白打起泡，細砂糖分兩次加入攪拌，打成9分發之蛋白糖。

材 料 Ingredients

鮮奶	40g.	草莓22顆（18顆切片（切片草莓）、4顆切半（切半草莓）	
奶油	50g.		
水	30g.		
玉米粉	15g.	**份 量** Volume	
低筋麵粉	70g.	8吋蛋糕1個	
蛋黃	100g.		
蛋白	150g.	**溫度與時間** Baking	
細砂糖	70g.	上火175℃、下火160℃	

蛋糕裝飾：

鮮奶油（植物性）　350g.

卡士達醬（鮮奶150g.與克寧姆粉50g.拌勻）

40～45分鐘

⑤ 蛋白糖分次與麵糊拌合，倒入活動蛋糕模抹平，拿起蛋糕模往桌上輕敲，去除麵糊內的大氣泡。

⑥ 送進烤箱烤焙，出爐時，往桌上輕敲後倒扣，待其冷卻即可裝飾。

蛋糕裝飾

① 植物性鮮奶油打約8分發至光滑雪白狀。

② 蛋糕橫切成三片放置於轉台中。鮮奶油與卡士達醬拌勻成夾餡，將蛋糕片抹上夾餡，排滿切片草莓後，再塗上一層夾餡。

③ 蛋糕外圍塗上適量鮮奶油，用抹刀將鮮奶油抹平。

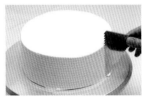

④ 抹面後，用三角刮板45度角輕貼蛋糕，旋轉轉台即可形成紋路。

⑤ 表面用分片器分10等份，照等份擠上鮮奶油花，篩防潮糖粉，擺上切半草莓。

貼心小叮嚀 Tips

1. 此蛋糕配方中水分較多，故烤焙時間較長。

2. 裝飾蛋糕之鮮奶油，可用植物鮮奶油(175g.)與動物（無糖）鮮奶油(175g.)各半混合，再與卡士達醬拌勻，可降低甜味增加奶香味。

不失敗
法式甜點

總給人做法繁複、食材多樣且昂貴印象的法式甜點，
往往令新手望而卻步。為了讓初學者也能成功做好，
我特別選出 5 款不易失敗的經典點心，
希望新手們一次就上手。

可麗露

糖瓷馬卡龍

法式烤布丁

馬德蓮貝殼蛋糕

酒漬櫻桃費南雪

可麗露

外層焦脆、內部有嚼勁的獨特口感，
加上天然香草的風味，
使這款來自法國波爾多的點心廣受喜愛。

可麗露

材料 Ingredients

牛奶	700g.
無鹽奶油	30g.
香草豆莢棒	1根
細砂糖	320g.
全蛋	3顆
低筋麵粉	180g.
蛋黃	25g.
深色藍姆酒	75g.
蜂蠟	適量

份量 Volume

16個（每個約92g.）

溫度與時間 Baking

上火230℃、下火250℃
50～60分鐘

貼心小叮嚀 Tips

1. 麵糊冰一晚比較濃稠，而且烘焙時才不會一直脹高，能夠受熱均勻，不會發生頂部出現白色沒烤到的白頭狀況。

2. 如果出現了白頭現象，可放入烤箱再烘焙3～5分鐘，持續烤至顏色都均勻後再脫模。

3. 建議烤完當天食用。第二天食用的話，外層會變軟，失去焦脆的口感。

4. 操作蜂蠟時，記得戴上手套，以免燙傷。

❶ 全蛋、蛋黃放入鍋中，打散。

❺ 香草豆莢棒從中間剖開。

❷ 低筋麵粉過篩。

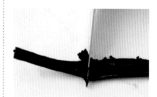
❻ 刮出裡面的香草籽。

❸ 將過篩的粉一次加入。

❼ 將牛奶、細砂糖、香草豆莢棒、香草籽和奶油放入鍋中。

❹ 用打蛋器拌勻成麵糊。

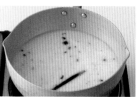
❽ 加熱至60～70℃。

⑨ 先取約 1/4 溫牛奶加入麵糊中拌勻。

⑬ 將蜂蠟（如圖）放入鍋中，以小火加熱融成液體。

⑰ 烤盤鋪好烤焙紙，注入麵糊至模型9.5分滿。

⑩ 再分次倒完溫牛奶拌勻。

⑭ 將蜂蠟液倒入模具中至滿，再迅速倒出。

⑱ 烤焙20分鐘後麵糊會膨脹，整個移至另一鋪好烘焙紙的烤盤。

⑪ 最後加入藍姆酒拌勻。

⑮ 使模具內壁形成一層蜂蠟膜。

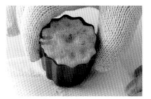

⑲ 拿出模具敲一敲，使麵糊沉下來，再放入烤箱烤焙30分鐘。

⑫ 蓋上保鮮膜，放入冰箱冷藏一晚。

⑯ 取出冰一晚的麵糊，撈出香草豆莢棒。

⑳ 烤焙時間到了，如圖中這樣頂部出現白色，代表烤不夠。

㉑ 繼續烤焙直到完全上色，即可倒出。

French Desserts

糖瓷馬卡龍

宛若少女的酥胸般的光滑表面，
多彩的色澤與豐富口味，
一次獲得口感與視覺的雙重享受。

糖瓷馬卡龍

杏仁餅

④ 用橡皮刮刀拌勻成團，即杏仁醬。

① 杏仁粉、糖粉混合後過篩入盆中。

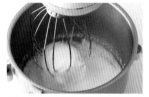

⑤ 細砂糖、水倒入鍋中，先煮至113℃，開始打發蛋白，繼續煮至121℃。

② 加入蛋白。

⑥ 糖水煮至113℃時開始打發蛋白和塔塔粉，至濕性發泡，糖水煮到121℃時停止機器。

③ 加入色素粉。

⑦ 倒入全部煮好的熱糖漿。

材 料 Ingredients

杏仁餅：

杏仁粉	145g.
純糖粉	145g.
蛋白	60g.
細砂糖	150g.
水	60g.
蛋白	60g.
塔塔粉	少許
色素粉	少許

奶油餡：

鮮奶	40g.
香草豆莢棒	1/4根
細砂糖	20g.
全蛋	30g.
奶油	100g.
百香果（覆盆子）果泥	30g.
奶油餡	190g.

份 量 Volume

40顆

溫度與時間 Baking

上火150℃、下火150℃
20～22分鐘

French Desserts

糖瓷馬卡龍

❽ 用高速攪拌至濃稠，攪拌至溫度降至大約40～45℃。

⓬ 同樣以刮刀壓拌成光滑，拌至麵糊流下時，會呈緞帶片狀。

⓰ 放在室溫25℃，濕度約50％的環境下，靜置40～60分鐘，直到輕觸麵糊表面而不沾手。

❾ 先取一半蛋白霜加入杏仁醬中。

⓭ 平口擠花嘴套入擠花袋中，將擠花嘴上方的擠花袋扭轉兩圈，塞入擠花嘴中。

⓱ 放入烤箱烤焙，烤12分鐘後，將烤盤掉頭繼續烤10分鐘。烤至餅拿起時不會沾黏。

奶油餡

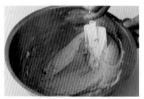

❿ 以刮刀壓拌的方式拌勻，拌成光滑。

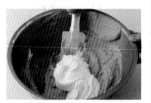

⓮ 填入麵糊後再拉開塞入擠花嘴的擠花袋。

❶ 加入剩下的蛋白霜。

⓯ 麵糊擠在鋪不沾布或矽膠墊的烤盤上，擠成10元硬幣的圓形。圖中是在不沾布下方墊一張「馬卡龍模型紙墊」（專用墊），擠好圓形後抽走紙墊，書末隨書附贈，可護貝後使用。

❶ 鮮奶、香草籽和細砂糖放入鍋中，煮至冒煙（約80℃）。

❷ 全蛋放入鍋中打散。

❻ 用球狀攪拌器,以中速打發拌勻。

組合

貼心小叮嚀 Tips

1.可用不沾布或矽膠墊烤焙,烘焙紙比較不適合。

2.拌杏仁醬時若覺得較乾,可以加入些許蛋白,比較容易拌成功。

3.拌奶油餡時如果太軟,可以冷藏一下再繼續打發。

4.可使用適量色素粉調色,比較容易拌勻,易控制顏色深淺。

❸ 煮好的熱鮮奶分次倒入蛋液,拌勻。

❼ 加入覆盆子口味的果泥拌勻。

❶ 比對杏仁餅,選出兩片形狀相同的搭配。

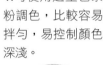

5.這道甜點中我使用了義大利蛋白霜。將熱糖漿加入蛋白霜打成濕性發泡,就成了義大利蛋白霜。這種蛋白霜的泡沫最穩定,形狀能維持最久,讓你的馬卡龍更易成功。

❹ 放回爐火上,邊加熱邊拌至稠狀(如卡士達餡)。

❽ 用橡皮刮刀拌勻。

❷ 用擠花嘴將奶油餡擠在一片杏仁餅上。

❺ 倒入攪拌缸,將冷藏的奶油切小丁,分次加入缸中。

❾ 也可加入百香果口味的果泥,拌勻。

❸ 將另一片相對的杏仁餅蓋上。

法式烤布丁

又叫烤布蕾。表面酥脆的焦糖碎片，
搭配綿密濃郁的可口內餡，
吃過的人都讚不絕口，
大人小孩都喜歡！

❶ 將動物性鮮奶油、鮮奶倒入鍋中，加熱至約60℃。

❷ 蛋黃、細砂糖和香草豆莢醬放入鍋中。

❸ 用打蛋器拌勻。

❹ 熱鮮奶油分次加入蛋黃鍋中拌勻。

⑤ 拌勻成布丁液，然後過篩。

⑥ 將蛋布丁液倒入焗皿中。

⑦ 把焗皿排入烤盤中，倒入熱水至烤盤約0.5～1公分高。

⑧ 放入烤箱烤焙至布丁中間微有彈性，可以手輕敲焗皿邊緣，若布丁不會晃動即可。

⑨ 布丁冷藏約3小時或隔夜。欲食用時，在布丁表面均勻撒糖粉或二砂糖。

⑩ 以瓦斯噴槍加熱，使表面呈金黃微焦，形成一片硬糖衣即可。

材 料 Ingredients

動物性鮮奶油	700g.
牛奶	200g.
蛋黃	200g.
細砂糖	90g.
香草豆莢醬	10g.

份 量 Volume

12杯（每杯約100g.）

溫度與時間 Baking

上火150℃、下火150℃
25分鐘

貼心小叮嚀 Tips

1.將布丁液倒入焗皿時，如果表面有氣泡，可以用噴槍噴一下，可輕易消泡。

2.普通的焦糖布丁也很美味，成功的關鍵在於煮焦糖：

① 將100g.細砂糖放在鍋子中間，加入40g.水浸濕糖。

② 以小火開始煮，不可攪拌，如果顏色不均勻可搖一搖。

③ 煮至變深琥珀色且冒白煙時，立刻熄火，加入30g.水搖勻即可，趁熱用湯匙裝模。

馬德蓮
貝殼蛋糕

在口感鬆軟、香氣濃郁的蛋糕中加入檸檬、柑橘皮屑，
更添特殊風味，清爽且甜而不膩。

馬德蓮貝殼蛋糕

① 全蛋放入鍋中，加入混合好的細砂糖、二砂糖。

⑤ 加入檸檬皮屑拌勻。

② 用打蛋器拌勻。

⑥ 加入過篩的低筋麵粉、泡打粉拌勻。

③ 加入蜂蜜拌勻。

⑦ 包上保鮮膜，移入冰箱冷藏6小時以上。

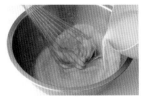

④ 倒入加熱融化了的奶油。

⑧ 將麵糊裝入擠花袋中，擠入麵糊至模型約九分滿，放入烤箱烤焙。

材 料 Ingredients

奶油	180g.
全蛋	200g.
細砂糖	150g.
二砂糖	40g.
蜂蜜或楓糖漿	30g.
檸檬皮屑	1個份量
低筋麵粉	180g.
泡打粉	5g.

份 量 Volume

30個（每個約27g.）

溫度與時間 Baking

上火200℃、下火180℃
15～20分鐘

貼心小叮嚀 Tips

1.倒入融化奶油攪拌時，一次全部倒入會難以拌勻，可分次倒入。

2.麵糊擠入模型時不要擠全滿，以免烘烤受熱後麵糊會膨脹流出。

French Desserts

French Desserts

**酒漬櫻桃
費南雪**

酒漬櫻桃為這道外表樸實、入口鬆軟的蛋糕，
增添不同的風味，
是下午茶點心的首選。

酒漬櫻桃費南雪

① 蛋白放入鍋中，加入香草豆莢醬。

② 用打蛋器拌勻。

③ 杏仁粉、低筋麵粉、糖粉混合後過篩。

④ 將過篩的粉加入，拌勻成杏仁醬。

⑤ 奶油放入鍋中，加入蜂蜜、鹽和楓糖漿，以小火加熱。

⑥ 分次加入杏仁醬中，拌勻。

⑦ 將麵糊倒入分量器中，擠入麵糊至模型約九分滿。

⑧ 每個費南雪麵糊中，放入2顆酒漬櫻桃，放入烤箱烤焙。

材 料 Ingredients

杏仁粉	100g.
低筋麵粉	100g.
糖粉	80g.
蛋白（常溫）	200g.
香草豆莢醬	5g.
無鹽奶油	200g.
蜂蜜	20g.
鹽	1g.
楓糖漿	20g.
酒漬櫻桃	40顆

份 量 Volume

20個（每個約35g.）

溫度與時間 Baking

上火200℃、下火180℃
20分鐘

貼心小叮嚀 Tips

1.此處使用分量器將麵糊擠入模型中，你也可以用擠花袋、擠花嘴操作。

2.出爐的費南雪先讓表面稍微降溫再脫膜，不然表面易變形。

French Desserts

COOK50 系列　基礎廚藝教室

台北市基隆路二段 13-1 號 3 樓　　http://redbook.com.tw　　TEL：2345-3868　　FAX：2345-3828

COOK50105　一定要學會的沙拉和醬汁118── 55道沙拉×63道醬汁（中英對照）／金一鳴著 定價300元
COOK50106　新手做義大利麵、焗烤──最簡單、百變的義式料理 洪嘉妤著 定價280元
COOK50107　法式烘焙時尚甜點──經典VS.主廚的獨家更好吃配方／郭建昌著 定價350元
COOK50108　咖啡館style三明治──13家韓國超人氣咖啡館+45 種熱銷三明治＋30種三明治基本款／熊津編輯部著 定價350元
COOK50109　最想學會的外國菜──全世界美食一次學透透（中英對照）洪白陽著 定價350元
COOK50110　Carol不藏私料理廚房──新手也能變大廚的90堂必修課 胡涓涓著 定價360元
COOK50111　來塊餅【加餅不加價】──發麵燙麵異國點心 趙柏淯著 定價300元
COOK50113　0～6歲嬰幼兒營養副食品和主食── 130道食譜和150個育兒手札、貼心叮嚀／王安琪著 定價360元
COOK50115　第一次做蛋糕和麵包──最詳盡的1,000個步驟圖，讓新手一定成功的130 道手作點心 李亮知著 定價360元
COOK50116　咖啡館style早午餐── 10家韓國超人氣咖啡館＋57份人氣餐點／LEESCOM編輯部著 定價350元
COOK50117　一個人好好吃──每一天都能盡情享受的料理！ 蓋雅Magus 著 定價280元
COOK50118　世界素料理101（奶蛋素版）──小菜、輕食、焗烤、西餐、湯品和甜點／王安琪、洪嘉妤著 定價300元
COOK50119　最想學會的家常菜──從小菜到主食一次學透透（中英對照）／洪白陽（CC 老師）著 定價350元
COOK50120　手感饅頭包子──口味多、餡料豐，意想不到的黃金配方 趙柏淯著 定價350元
COOK50122　今天不吃肉──我的快樂蔬食日〈樂活升級版〉王申長Ellson著 定價280元
COOK50123　STEW異國風燉菜燉飯──跟著味蕾環遊世界家裡燉／金一鳴著 定價320元
COOK50124　小學生都會做的菜──蛋糕、麵包、沙拉、甜點、派對點心／宋惠仙著 定價280元
COOK50125　2歲起小朋友最愛的蛋糕、麵包和餅乾──營養食材＋親手製作=愛心滿滿的媽咪食譜／王安琪著 定價320元
COOK50126　蛋糕，基礎的基礎── 80個常見疑問、7種實用麵糰和6種美味霜飾／相原一吉著 定價299元
COOK50127　西點，基礎的基礎── 60個零失敗訣竅、9種實用麵糰、12種萬用醬料、43款經典配方／相原一吉著 定價299元
COOK50129　金牌主廚的法式甜點饗客口碑版──得獎甜點珍藏秘方大公開／李依錫著 定價399元
COOK50130　廚神的家常菜──元傳奇餐廳的尋常料理，令人驚艷的好滋味／費朗 亞德里亞（Ferran Adri　）著 定價1000元
COOK50131　咖啡館style鬆餅大集合── 6大種類×77道，選擇最多、材料變化最豐富！／王安琪著 定價350元
COOK50132　TAPAS異國風，開胃小菜小點──風靡歐洲、美洲和亞洲的飲食新風潮／金一鳴著 定價320元
COOK50133　咖啡新手的第一本書（拉花＆花式咖啡升級版）──從8歲～88歲看圖就會煮咖啡／許逸淳著 定價250元
COOK50134　一個鍋做異國料理──全世界美食一鍋煮透透（中英對照）洪白陽（CC老師）著 定價350元
COOK50135　LADURÉE百年糕點老舖的傳奇配方／LADURÉE 團隊著 定價1000元
COOK50136　新手烘焙，基礎的基礎──圖片＋實作心得，超詳盡西點入門書／林軒帆著 定價350元
COOK50137　150～500大卡減肥便當，三餐照吃免挨餓的瘦身魔法──3個月內甩掉25公斤，美女減重專家親身經驗大公開／李京暎著 定價380元
COOK50138　絕對好吃！的100道奶蛋素料理──堅持不用加工速料！自然食材隨處可買&簡單快速隨手好做／江艷鳳著 定價299元
COOK50139　麵包機做饅頭、吐司和麵包──一指搞定的超簡單配方之外，再蒐集27個讓吐司隔天更好吃的秘方／王安琪著 定價360元
COOK50140　傳奇與時尚LADURÉE馬卡龍‧典藏版／LADUREE團隊著 定價1000元
COOK50141　法國料理，基礎的基礎──名廚親授頂級配方、基本技巧、烹調用語，和飲食文化常識／音羽和紀監修 定價380元
COOK50142　LOHO異國風蔬食好味道──在地食材X異國香料，每天蔬果多一份的不偏食樂活餐／金一鳴著 定價320元
COOK50143　法國廚神的自然風家庭料理──190道經典湯、沙拉、海鮮、肉類、主食和點心／阿朗‧杜卡斯著 定價1000元
COOK50144　法國廚神的家常風甜品──簡單、天然！87道法國家庭天天上桌的甜點菜單／阿朗‧杜卡斯著 定價799元
COOK50145　4個月～2歲嬰幼兒營養副食品【超強燜燒杯離乳食收錄版】──全方位的寶寶飲食書和育兒心得／王安琪著 定價299元
COOK50146　第一次做中式麵點【年節伴手禮增加版】──中點新手的不失敗配方／吳美珠著 定價299元

TASTER系列 吃吃看流行飲品

TASTER001　冰砂大全──112道最流行的冰砂／蔣馥安著 特價199元
TASTER003　清瘦蔬果汁──112道變瘦變漂亮的果汁／蔣馥安著 特價169元
TASTER005　瘦身美人茶──90道超強效減脂茶／洪依蘭著 定價199元
TASTER008　上班族精力茶──減壓調養、增加活力的嚴選好茶／楊錦華著 特價199元
TASTER009　纖瘦醋──瘦身健康醋DIY／徐因著 特價199元
TASTER011　1杯咖啡──經典＆流行配方、沖煮器具教學和拉花技巧／美好生活實踐小組編著 定價220元
TASTER012　1杯紅茶──經典＆流行配方、世界紅茶＆茶器介紹／美好生活實踐小組編著 定價220元

QUICK系列 快手廚房

QUICK002　10分鐘家常快炒──簡單、經濟、方便菜100道／林美慧著 特價199元
QUICK003　美人粥──纖瘦、美顏、優質粥品65道／林美慧著 定價230元
QUICK004　美人的蕃茄廚房──料理‧點心‧果汁‧面膜DIY／王安琪著 特價169元
QUICK009　瘦身沙拉──怎麼吃也不怕胖的沙拉和瘦身食物／郭玉芳著 定價199元
QUICK011　懶人焗烤──好做又好吃的異國烤箱料理／王申長著 定價199元
QUICK012　懶人飯──最受歡迎的炊飯、炒飯、異國風味飯70道／林美慧著 定價199元
QUICK017　小菜‧涼拌‧醬汁133──林美慧老師拿手菜／林美慧著 定價199元
QUICK018　5分鐘涼麵‧涼拌菜‧涼點──低卡開胃健康吃／趙柏淯著 定價199元

朱雀文化 和你快樂品味生活

國家圖書館出版品預行編目資料

新手烘焙最簡單 不失敗法式甜點特
選版：600 張超詳細零失敗步驟圖
＋ 150 種材料器具總介紹／吳美珠
著 .-- 初版 .-- 臺北市：朱雀文化，
2015〔民 104〕
176 面； 公分 (COOK50；147)
ISBN 978-986-92513-0-3(平裝)

1. 食譜 -- 點心
427.16

新手烘焙最簡單
不失敗法式甜點 特選版

600 張超詳細零失敗步驟圖
＋ 150 種材料器具總介紹

COOK50147

作　　者　吳美珠　攝　　影　張緯宇、蕭維剛、林宗億

編　　輯　葉菁燕、鍾育珠、彭思園　美術編輯　葉盈君、鄧宜琨　行銷企劃　石欣平

企畫統籌　李　橘　發行人　莫少閒　出版者　朱雀文化事業有限公司

地　　址　台北市基隆路二段 13-1 號 3 樓　電話　(02)2345-3868　傳真　(02)2345-3828

劃撥帳號　19234566 朱雀文化事業有限公司　e-mail　redbook@ms26.hinet.net

網　　址　http://redbook.com.tw　總經銷　大和書報圖書股份有限公司 (02)8990-2588

ISBN　978-986-92513-0-3　增訂初版一刷　2015.12.01

定　　價　380 元　出版登記　北市業字第 1403 號

About 買書：

●朱雀文化圖書在北中南各書店及誠品、金石堂、何嘉仁等連鎖書店均有販售，如欲購買本公司
圖書，建議你直接詢問書店店員。如果書店已售完，請撥本公司電話洽詢。

●●至朱雀文化網站購書（http://redbook.com.tw），可享 85 折起優惠。

●●●至郵局劃撥（戶名：朱雀文化事業有限公司，帳號 19234566 ），掛號寄書不加郵資，4 本
以下無折扣，5 ～ 9 本 95 折，10 本以上 9 折優惠。